JN155069

国際大学グローバル・コミュニケーション・センター
准教授／主任研究員
中西崇文
Nakanishi Takafumi

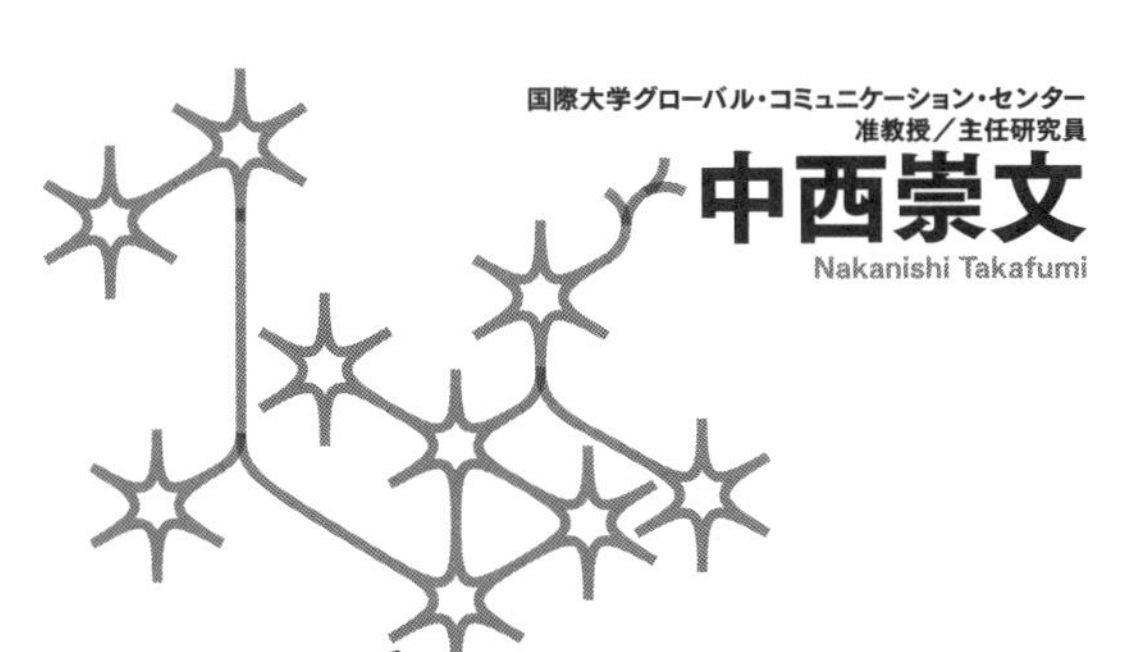

シンギュラリティは怖くない

ちょっと落ちついて人工知能について考えよう

草思社

はじめに——人工知能の民主化が起こる

人工知能と聞いて、何をイメージするだろうか。

面倒くさいことをやってくれて、我々の生活をより豊かにする救世主をイメージするかもしれない。話し相手になってくれるロボットのようなものと想像するかもしれない。

一方で、人工知能が活躍する未来について悲観的な意見も聞かれる。例えば「人工知能によって人類が滅びる」のではないかとさえ言われている。科学者のスティーブン・ホーキングは、「完全な人工知能を開発できたら、それは人類の終焉を意味するかもしれない」と述べる。スペースX社およびテスラモーターズ社のCEOのイーロン・マスクは、「潜在的に、核兵器より危険。人工知能によって、私達は悪魔を呼び出している」と述べる。あのビル・ゲイツも、「なぜ人々が人工知能の恐怖について考えないのか理解できない」と述べている。

また、「人工知能によって職を奪われる」という意見も聞かれる。特に、オックスフォード大学のマイケル・オズボーン准教授らの「The Future of Employment: How susceptible are jobs to computerization?（雇用の未来：コンピュータ化が職に与える影響）」という論文が、新聞・雑誌等のメディアに扱われたことから始まる。その論文は、今後10～20年後にアメリカ国内の総雇用者の47％の仕事がコンピュータなどに置き換えられ、自動化される可能性が高いという主張だ。人工知能の発展によって、人間のやっていた職業が徐々に人工知能に置き換わっていって、職がなくなってしまうのではないかと心配するかもしれない。

しかし今後、人工知能が救世主となるか、人間を苦しめる悪魔になるか、それはすべて我々人間にかかっていると言ってしまっていい。そもそも今のところ、人工知能を作り出すのは、我々人間である。もちろん将来的には、人工知能が人工知能を生み出すということがあるかもしれない。しかし、その元となる人工知能を生み出すのは人間だ。人間がどのような社会背景で、どのようなことを望んで人工知能を創り出すかということが、重要なのだ。

今後人工知能はより身近なものになり、コモディティ化（日用品化）すると筆者は考えている。人工知能は、我々がこれまで道具や機械を使って生活を豊かにしてきたのと同じように、我々の生活に入り込んでくるものとなるだろう。それも、科学者や専門家ではなく、一般の人々が能動的に人工知能を目的に合わせて使い分けるようになるだろう。人工知能は、普段よく使う生活必需品となっていく。あまりにも当たり前すぎて人工知能とは呼ばれなくなるかもしれない。

筆者は、データベース、データマイニングを専門としており、データをどのように分析したり処理したりすると有益な結果を導き出せるかという研究を行う研究者だ。こうしたデータを処理、分析をするプロセスにおいて、しばしば機械学習をはじめとする人工知能技術を利活用している。筆者自身も、いわば人工知能の一ユーザであり、人工知能によって効率的で有意なデータの処理・分析が可能になったという恩恵を受けている。昨今、「データサイエンティスト」という職種が注目を集めている理由は、ビッグデータを含むさまざまなデータを分析し、さまざまな研究やビジネスの効率性を高めたり、新たな付加価値を見出すことにあるだろう。こうしたデータサイエンティストの仕事では、データを分析する際に統計を使うことが多いのだが、データから何かを検出したり、識別したりする際には人工知能技術を駆使することが往々にしてある。人工知能技術は、データ分析を行うための標準ツールとなりつつあり、この分野ではすでにコモディティ化している。その意味で、人工知能技術の活用において、実体験からそのポテンシャルの高さをよくわかっているつもりだ。人工知能をどのように使ったら今まで見つけられなかった物事が見つかるようになるのか、便利になるのか、豊かになるのか、そのように考えることが、今強く求められているように日々感じている。

このような背景から、今後、人工知能技術自体が発展していくと同時に、我々一人ひとりが人工知能技術を利活用していく、現場に導入していくという動きがますます強まると考えている。我々のような研究者や専門家だけが、人工知能を扱うわけではない。人工知能の民主化が起こる。これまで以上に人工知能が身近なものになり、さまざまな人・組織が、いわば道具として、人工知能を活用するようになっていくだろう。

では、はたして、どのように人工知能は高性能化したり、社会に普及したりしていくのだろうか。これまでの道具や機械の発展の歴史を見ればわかるように、技術的に可能性があるというだけで、社会に浸透していくことはない。人工知能がどのように社会実装されるかは、従来の道具や機械が社会に浸透していった過程からある程度類推することができる。

最も重要なのは、道具や機械が社会に浸透するためには、必ず人間との信頼関係が必要だということだ。そもそも、道具や機械は人間がこなすべき作業を手助けするために使われている。とくに機械は、作業を人間の代わりにこなしてくれるものである。人間は、機械に任せた作業からは離れて別のことを行うのだから、機械がそのあいだ作業を確実にやってくれるという信頼を人間が持てることが必要だ。

より詳しく言えば、自律的に動く機械が人間の暮らす環境でその能力を発揮するためには、人間と機械との間で事前に定めた「正しさ」を共有することで成り立つ信頼関係を持ち、かつ、異常時、もしくは異常の可能性が生じた時点で、機械が人間に知らせる術を持っていることが必要なのだ。そうでない限り、人間は安心して機械に作業を任せることができない。これはどれだけ進化した人工知能に対しても同じだ。

こう考えると、人工知能は高性能化し、社会に浸透すればするほど、安全・確実で、信頼できるものになっていくはずである。そうでなければ、危なっかしくて誰も使わず、淘汰されてしまうからだ。

人工知能は、人間がいる環境の中でしか存在しえない。人間も人工知能に作業を手助けしてもらうことにより新たな余暇を手に入れたり、新たな知見を得たりすることができる。そのような、ともに相手を必要とする関係性の中で、人間も人工知能も、互いに進化していくと考えられる。

とはいえ、そこに悪意が介在すれば話は別である。例えば、包丁も野菜を切るには便利な道具だが、人間を切れば犯罪の道具となるように、人間がどのように人工知能と接していくかで、人工知能と共存する未来は変わっていくだろう。逆に言えば、人間があるべき未来を描き、悪魔にならなければ、人工知能が悪魔になることはない。人工知能が人間を滅ぼす、というようなシナリオが現実化するには、悪意を持った人間の介在が必要で、人工知能が自律的に人類を滅亡に追い込むとは考えられない。職業についても、自動化によって失われる職業も存在するのは確かだが、人工知能の使い方によっては、逆に職を生み出す存在になる可能性だってあるのだ。

近年、人工知能に関する様々な書が出されているが、それらは、人工知能脅威論や人工知能によって人間の職がなくなるという論点を中心として、どこかで人工知能をよそ者扱いしている感がある。それらの論調ばかりに触れていては、人工知能がいかにもすごくて、我々にとって近づき難い存在であるかのように感じてしまうかもしれない。人工知能がすごい力を秘めていることは間違いないが、今後、我々が深く気軽に付き合っていくべきパートナーであるという視点が欠けているように思える。人工知能は勝手に進化するものではない。人間が生活する社会の中で、人間と共存しながら、進化していくものなのだ。

「人工知能は自ら学習する能力を持っている」から、人間の存在など関係ないのではないかと思う方もいるかもしれない。しかし、人工知能がどういう環境で学習するかを考えれば、人間が作った環境であったり、人間が生活する場であったりするはずだ。自ら学習したとしても、人間との関係性なしに、人工知能の進化を語ることはできない。また、人工知能によって、人間自身も進化することも忘れてはならない。これまでも、新たな道具や機械を手に入れた我々人間は新たな一歩を踏み出して進化してきたが、それと同じように、人工知能が進化すれば人間もそれに伴って進化していくはずだ。

そのような観点から、本書は、人工知能を扱う他の書とは異なり、人工知能を脅威と捉えたり敵対したりする前に、人間自身が人工知能とどのように関われば良いのか、そしてその関わりの中から見出される新たな進展について考える。人工知能が我々人間の生活の中に入り込み、親密になっていく過程や、人工知能と人間がどのように関わり、共進化をしていくかということを人工知能が持つポテンシャルを示しながら、論じていく。

本書は、大きく3つのことが述べられている。第1部（第1章～第4章）では、「シンギュラリティ」をテーマとする。「シンギュラリティとは一体何か」から始めて、シンギュラリティが我々人間にどのように影響するかについて述べる。第2部（第5章～第8章）では、「自動化」と「無意識」をテーマとする。人間は道具から始まり、機械、そして人工知能を作ることによって、究極の自動化を実現しようとしているとみることができる。自動化とは、人間が意識を作業に振り向ける必要をなくし、無意識でいられるようにすることだと考えられる。人間の意識・無意識というものを通して、人工知能の意義を探る。最後に、第3部（第9章～第11章）は、人工知能を搭載した高度な機械が身近になったとき、どのような社会になるのか、我々人間はどのように生活していくべきか、迫ることにする。

シンギュラリティは怖くない

ちょっと落ちついて
人工知能について考えよう

目次

第4章 なぜ我々は機械の進化に鈍感なのか

囲碁で人間のプロを負かしたコンピュータ
作曲で創造力を発揮するコンピュータ
記事を自動執筆するコンピュータ
小説や脚本を執筆するコンピュータ
人間になりきるコンピュータ
人間を虜にするコンピュータ
人間の手に負えない機械たち
我々はシンギュラリティの真っ只中にいる

機械が指数的進化をしても人間は気づかない
技術による社会の変化は連続で気づきにくい
生産活動を劇的に変化させた産業革命
急激な変化への反発「ラッダイト運動」
人間の鈍感さとフェヒナーの法則
人間は急激な技術の変化に鈍感である
人間は「機械が人間を超える日」を認識できない

第2部　信頼できない人工知能は進化できない

第5章　なぜ我々は自動化を欲するのか

人間は道具によって進化した
人間の作る道具にはモジュール性がある
人間は道具のメタ性を利用する
「道具」と「機械」はどう違うか
道具は人間の身体を拡張する
機械は身体を生産活動から解放する
自動機械は生産活動から人間の意識を解放する
インテリジェント機械は人間の創造性を代替する
人間が機械を信頼できるかが最重要
人間に備わる「熟慮システム」と「自動システム」
熟慮システムは疲れる
新しいことを学ぶことと自動システム
機械による自動化と自動システムの目的は同じ

第3部 人工知能の未来を描く

本文デザイン｜Malpu Design（佐野佳子）
図表トレース｜広田正康

第1部

人間は機械の進化に気づかない

1. シンギュラリティとは何か――機械が人間を超える日

２００５年9月、アメリカの発明家であり実業家、そして未来学者でもあるレイ・カーツワイルが、世の中に「シンギュラリティ」という言葉を放った。日本語で「技術的特異点」と訳されるこの言葉は「技術が急速に発達し、機械が人間を超える日」を意味する。彼の著書『シンギュラリティは近い―人類が生命を超越するとき』（邦題は『ポスト・ヒューマン誕生』）は、発展した技術を搭載したあらゆる機械が、ビジネスモデルはもちろん、あらゆる価値観を変えてしまい、ともすれば機械が人間を追い越して、機械に人間が支配される未来を想像させるものであった。

そして同書のなかでカーツワイルは、機械が人類の知能を持つようになるタイミングを40年後と予想した。シンギュラリティとともに「２０４５年」というキーワードがよく語られるのはそのためだ。

「機械が人間を超える」と言われれば当然、戸惑う人もいるだろう。なにしろ、自分たちこそ唯一無二の存在であると信じてきた人間が、機械という最大のライバルを迎え入れなければならないのだから。しかも、たった数十年のあいだに起こる急激な技術の進歩によって、機械は人間の能力をあっけなく抜いてしまうというのだ。

そもそも人工知能とは何か

いったいどのようにしてシンギュラリティが起こるのだろうか。その流れを考えるうえで中心となるのが人工知能である。だとすれば、まずは人工知能とはそもそもどのようなものなのか、はっきりさせておく必要があるだろう。いろいろな定義があるが、人工知能とは「機械が人間と同様の思考プロセスを実現する技術の総称」であると筆者は考えている。もう少し詳しく解説していこう。

まず、人間と機械の思考プロセスにはどのような違いがあるだろうか。機械は、与えられた一つひとつのタスクを逐次的に、かつ高速にこなすことができる。もしも人間が機械と同じように逐次的にものごとを行おうとしても、やがて飽きてしまい、プロセスの精度は下がってしまうだろう。機械のように高速に処理することも不可能だ。一方で人間は、ある問題を前にしたとき、試行錯誤しながらも解決に向けて一つひとつなすべきことを認識し、トライ・アンド・エラーで作業に取り組むことができる。ここでポイントとなるのは、人間はフレキシブルにタスクを変え、問題解決を試みながら、直接的な命令がなくても自律的に作業を行える、という点だ。

逆に言えば、機械が人間と同様の思考プロセスを実現しようとするならば、人間のように過去の経験をもとに何かを判断したり、あらかじめ知り得た知識をもとに探索したり推論をしたりしながらタスクをこなしていく方法を備えていなければならないことになる。その方法をそなえたものこそ人工知能なのだ。人工知能が発展すれば、これまで人間が意思決定していたシーンでも、人工知能が過去の経験に基づき、客観的に判断してくれるようになる。あるいは、人工知能はこれまでの機械と違い、比較的曖昧な目標に対しても試行錯誤を行うかのような処理をして、自律的に動作することができる。

このように、人工知能を搭載した新たな機械は自ら学習し、最適なタスクを選択して実行する。これまでの機械のように、人間の操作をもはや必要としないのである。人工知能のもっとも大きな特徴は、強力なコンピューテーションパワーを用いながら、人工知能自身が自律的に学習し続けることにある。その延長線上で、人工知能を搭載した機械はあるとき人間の知能を超えるかもしれない、という考えにおよぶのである。さらには、自律的に動作する人工知能が、より優秀な別の人工知能をつくることで、自律的に進化していくのではないかとも考えられている。この段階までくれば、人工知能が進化するスピードが驚異的なものになることもたやすくイメージできるだろう。

機械が人間を超えるという考えの始まり

カーツワイルは、機械が人間を「どのように超えるか」については前述のように驚異的なスピードで技術が自律的に発展していくことで実現可能だと考えた。

実は、カーツワイルが「シンギュラリティ」を世に知らしめる以前から、機械が人間を超えるという見方は存在した。１９６５年、イギリス・ロンドン出身の数学者アーヴィング・ジョン・グッドは、「超知能マシン」という言葉で人間に勝る機械を表現している。超知能マシンとは「もっとも賢い人間のあらゆる知的能力をはるかにしのぐ能力を持った機械」を指すが、彼は超知能マシンがいずれ出現する日が来ると説いた。超知能マシンは人間をはるかにしのぐ知的能力を利用し、さらに優れたマシンを設計することができ、どんどん進化していく。これは間違いなく知能の爆発的発展をもたらす。超知能マシンの登場によって人間は間違いなく後れをとる、そして最初の超知能マシンが人類の最後の発明になる、とグッドは考察している。この「知能爆発」と名づけられた現象の予測が、カーツワイルのシンギュラリティの概念に受け継がれている。

シンギュラリティが起こる4要素

グッドの予言的な主張から28年が経った１９９３年、コンピュータ科学者でＳＦ作家でもあるヴァーナー・シュテファン・ヴィンジは、エッセイ「技術的特異点（The Coming

Technological Singularity)」において、知能爆発に至る過程を、より詳細に検討している。彼は知能爆発を起こす要素として、4つの科学的ブレイクスルーが必要だと考えた。

1　人工知能の発展
2　コンピュータネットワークの発展
3　コンピュータと人間の、より親密なインタフェース
4　生物科学の発展

ここでは、ヴィンジが人工知能だけでなく、ネットワーク、インタフェース、生物科学の発展を挙げている点に着目してみよう。

2番目、3番目にそれぞれ「ネットワーク」と「インタフェース」の発展を挙げているのは、ヴィンジが、知能爆発には機械同士もしくは対人間との接続（コミュニケーション）が重要と考えていることの顕れである。超知能マシンは自ら知能を発展させていくとは言っても、人間と同じように、他者とのコミュニケーションなしにそれを実現することは不可能だとヴィンジは指摘している。知的活動を発展させる基本はコミュニケーションにあるというのは、人間も機械もひとり（一体）では成長できないことを表しているという点で非常におもしろい示唆を含んでいる。

4番目の「生物科学の発展」は、人間がどのように知性を持ち合わせているのか、その仕組みを明かすことの重要性を指摘している。つまり、知的活動の何たるかを根本的に把握し、その仕組みを機械に実装できるようにする必要があるというのだ。

まとめると、ヴィンジは、超知能マシンが情報交換することのできるコミュニケーション環境を備える重要性を指摘した。さらに、知能爆発を起こすためには、ハードウエアやソフトウエアの向上だけでなく、人間に備わる身体性――知性を内在する身体の仕組みや特性――を生物科学によって明らかにする必要がある、と説いている。

こうしてみると、2005年のカーツワイルの著書はグッドやヴィンジに連なる系譜のうえに位置づけられるもので、突発的に生まれてきたものではないことがわかるだろう。にもかかわらずカーツワイルの主張が衝撃的だったのは、それまでの議論に、コンピュータと技術のパワーやスピードが「指数関数的に上がっていく」という考察をつけ加えた点にある。その指数関数的な向上の原動力は「ムーアの法則」と「収穫加速の法則」にあるとカーツワイルは指摘している。

ムーアの法則と収穫加速の法則

ムーアの法則とは、ハードウエアの発達スピードの速さを示す経験則で、「半導体の集積密度は18～24カ月で倍増する」というものである。基本的に、集積密度が倍になると処理速度は倍になる。つまり性能が倍になるので、「コンピュータのハードウエアの性能は18～24カ月で倍になる」ということができる。

これはアメリカの半導体素子メーカーであるインテル社の共同創設者ゴードン・ムーアによって1965年に提唱されたもので、あくまでも経験則ではあるが、現代まで破綻することなく成り立ってきた。さらに現在では半導体だけでなく、ディスクドライブの容量、ディスプレイの解像度など、ほとんどのデジタル機器においても高い信頼度でこの経験則が成り立っている。

ここで重要なのは、「半導体の集積密度は18～24カ月で倍増する」とは、直線的な進化(比例的変化)ではなく、指数関数的(指数的)な進化であるということだ。直線的な進化と指数的な進化とでは本当に大きな違いがある。直線的とは、ある期間に「1単位ずつ増加する」ような変化の仕方のことだ。その倍の期間があれば当然、2単位増えることになる。一方、指数的とは、ある期間に「2倍に増える」ような変化の仕方で、その倍の期間では4倍に増えることになる。例えば、直線的な増加で、ある期間を30回経過したときには「1、2、3、4、5……30」のように変化するのに対し、指数的な増加で30回が経過したときには「2、4、8、16、32……107,3741,824(約10億!)」のように変化する。

指数的増加は、よく湖を覆う睡蓮の葉の例で説明される。湖の所有者が、睡蓮の葉で湖が覆われて魚が死なないように監視を始めたとしよう。葉は1日ごとに2倍に増えるとする。数カ月間、見守っても睡蓮の葉はほんのわずかしか増えず、一向に広がっていく気配がなかった。そこで所有者は大丈夫だと思い、数週間旅行に出かける。ところが帰ってきたときには湖は一面が葉で覆われ、魚は死んでしまっていた。最初の数カ月は少しずつしか増えないが、後半のほんの数週間で睡蓮の葉は爆発的に増えたのだ。

このムーアの法則を応用してカーツワイルが提唱したものに「収穫加速の法則」というのがある。一つの重要な発明が他の発明と結びつき、次の重要な発明の登場までの期間を短縮して、イノベーションの速度を加速するというものだ。発明が発明を生むことで、科学技術は直線的ではなく指数的に進歩するという法則である。ムーアの法則が技術の発展のスケール面だけに着目しているのに対し、収穫加速の法則は技術の波及効果によって質的に新しいものが生み出されることにまで言及している。

この2つの指数関数的変化によって、驚異的な速さで機械が人間の知能を抜くとカーツワイルは述べている。2つの法則が今後も続くと仮定して、つくられる機械が人間の知能を抜く時期、つまりシンギュラリティが起こるのを、2045年であるとカーツワイルは予想したわけだ。

2. なぜシンギュラリティが問題になっているのか

1章で示したように、シンギュラリティの議論は1960年代から行われてきたのだが、いま改めてシンギュラリティが注目されているのはなぜだろうか。その理由として、1993年にヴィンジが示した、知能爆発が起こるために必要な科学的ブレイクスルーの条件が現実に揃いつつあることが挙げられる。もう一度、それを確認しておこう。

1　人工知能の発展
2　コンピュータネットワークの発展
3　コンピュータと人間の、より親密なインタフェース
4　生物科学の発展

これらの条件について、本書を執筆している2017年時点の状況を見ていこう。

人工知能3度目のブームが起きた理由

ヴィンジが科学的ブレイクスルーの筆頭に掲げたのは「人工知能の発展」だが、これは最近、目覚ましい進歩を遂げている。とはいえ、ここに至るまで、人工知能の発展の歴史には紆余曲折があった。実は、人工知能ブームはこれまでに3度起こっているのだ。

第1次ブームが起きたのは1960年代である。その頃のコンピュータは、「推論」と「探索」をさせることが可能になりつつあった。推論と探索とはすなわち、既知の事柄をもとに未知の事柄を導いたり、特定の制約のなかで最良の答えを導き出したりすることである。しかし残念なことに、当時の人工知能は、問題をプログラミング言語で正確に記述しなければ推論も探索もすることができなかったし、コンピュータの性能自体も高くはなかった。そのため、小さな実験的な問題——例えば、解けることを前提にしたごく小規模なゲーム(わずか数マスで繰り広げられる陣取りゲームのたぐい)——であれば推論や探索は可能だったが、現実的な問題を推論・探索しながら解くことはできなかった。当時の人工知能は、実社会の問題解決にはまったく役に立たなかったのである。そのためブームが去ると、人工知能研究は冬の時代を迎えることになる。

第2次ブームが起きたのは1980年代のことだった。この頃、頻繁に研究、実装されたのが「エキスパートシステム」だ。エキスパートシステムは、あらかじめ大量の知識を入力しておくことで人間に極めて近い知能を生み出せる、という考えに基づいた人工知能である。大量の知識データを推論・探索することで専門家の判断に近い解答を引き出すことが期待され、医療診断などのシステムに応用された。ところが人間が蓄えることのできる知識はあまりにも膨大で、それらをすべてコンピュータに書き込むことはとてもできなかった。エキスパートシステムは限定された分野、例えば医療分野における緑内障や腎臓病の診断支援システムでは一定の成功を見たが、より広範囲の分野まで応用するには至らなかった。応用分野を広げるためには各分野の専門家が事前に大量の知識を入力しておくことが前提になるが、その作業とコストが見合わなかったのだ。そのため、人工知能研究は再び冬の時代を迎えてしまう。

ただし、この頃に培われたエキスパートシステムの技術は、現在もさまざまな形で利用されている。例えば、ツイッターで使われる「ボット」と呼ばれるシステムもその一つだ。ボットは、あるツイートに反応してリプライするなど、プログラムの制御によりツイート動作を自動化したものである。ほかにもアップルに搭載された音声対話システム「Ｓｉｒｉ」などは、第2次ブームの頃に確立された技術を応用したものだ。

そして２０１０年代後半にあたる現在は、第3次ブームの真っ只中にある。今回の人工知能ブームで注目されているのは「ディープラーニング」という技術と「ビッグデータ」という環境である。

ディープラーニングは、問題を解くための「解空間」を小さくする次元削減技術の一つである。解空間とは、問題に対する解となりうる範囲のことである。解空間を小さくすれば、問題を解くために考慮しなければならない範囲も小さくなるので、計算コストの削減につながる。

実は人間もこれを無意識にやっている。その例が、心理学で「カクテルパーティー効果」と言われるものだ。これは、パーティーのように大勢の人がガヤガヤと歓談しているなかでも、自分が話している相手の声であればはっきり聞き取れることを指す。人間の耳はすべての音を聞いているが、脳で処理するとき、無意識に必要な人の声のみに着目するような処理を行っている。これはまさに「次元削減」である。ディープラーニングはそれと同じことをコンピュータに行わせることができる技術で、画像や音といった複雑なデータのなかから、動物の顔や特定の言葉などを素早くかつ正確に認識することが可能になるため、さまざまな領域に応用されている。

もう一つ、人工知能を身近な問題に応用しやすく進化させる原動力となっているのが「ビッグデータ」である。第2次人工知能ブームでは知識データの量が壁となった。1980年代当時は、そのまま利用できるデータが少なかったため、人間が手操作でデータを作成・入力しなければならなかった。現在ではインターネット上からテキストや画像、動画などのコンテンツを簡単に読み込むことができるし、実社会のさまざまなところにセンサーを安価に設置することができるようになって、そこから抽出されるデータも気軽に入手できるようになってきた。人工知能はこれらのデータを用いることで、学習したり結果を出力したりすることが可能になったのだ。

知能爆発第2の条件、ネットワークの現在

知能爆発が起こるために必要な科学的ブレイクスルーの2番目は「コンピュータネットワークの発展」だが、これも近年、急速に進化を遂げている。すなわちインターネットの発展である。

現在、インターネット上で1日に生成されるデータ総量は全世界で2・5EB（エクサバイト）＝250万TB（テラバイト）。この数値から見ると、1990年代にインターネット上にあった全データとほぼ同じ量が、現在では1秒間にインターネットを行き来していることになる。

世界のインターネット利用者数は現在31億7000万人と言われているが、これは世界の人口の約45％に相当する。さらには人間だけでなく、機械も積極的にインターネットにつながる時代になっている。インターネットを介して機械やその部品が互いにコミュニケーションをとりあうことにより利便性を高める技術、いわゆるIoT（Internet of Things）について、読者も耳にしたことがあるのではないだろうか。IoTは「モノのインターネット」などと訳されるが、IoTでつながる機械はどんどん増えており、そうした機械は

自らの状態や周囲の状況など現実世界に関する膨大なデータを送ってくる。シスコシステム社の調査によれば、２０１５年現在で２５０億個の機械がインターネットにつながっていると言う。そして、２０２０年には５００億個のデバイスがインターネットに接続するようになると推測される。これこそ、急激な「コンピュータネットワークの発展」と言えるだろう。

人間がこれだけ多様で膨大なデータを処理することは不可能だが、コンピュータであれば素早く、より多くのデータを処理することができるのである。

知能爆発第3の条件、インタフェースの現在

ヴィンジが知能爆発の条件とする3番目の科学的ブレイクスルー「コンピュータと人間の、より親密なインタフェース」も、ここ10年で大きな変化を見せている。端末がパソコンからスマートフォンやタブレットに移り変わっていくとともに、データの出入力はディスプレイ、キーボード、マウスというインタフェースからタッチパネルへと集約されつつある。それだけでなく時計型などに見られるウエアラブルデバイスのように、身体に装着するタイプのデバイスなら、ほとんど意識することなく、位置や動きなどに関するデータがコンピュータに入力される。さらに現実世界でふつうに過ごしているだけで、センサーデバイスによりコンピュータにアクセスできる場合も増えてきた。例えば、マイクロソフ

トから発売されているキネクト（Kinect）は、キネクトの前で人間がジェスチャーするだけでその動きをデータ化し、コンピュータに入力できる。キネクトは小売店で買い物客の動きや動線を把握することにも使われている。これはインタフェースが、より親密なものになったことの一例である。

知能爆発第4の条件、脳科学の現在

ヴィンジが示した知能爆発の条件の最後の科学的ブレイクスルーが「生物科学の発展」である。人工知能と生物科学は、以前は研究分野として離れていく一方だったが、ディープラーニングの台頭以降、これら2つの分野は次第に連携しつつある。これは、ディープラーニングが、生物の脳細胞ネットワークを模してつくられた計算アルゴリズム「ニューラルネットワーク」を応用した技術であることと関係がある。ディープラーニングがなぜ他の人工知能、機械学習手法より優れているかは不明な点も多いのだが、そのメカニズムをもう一度、人間の脳の情報処理のメカニズムと比較することで理解が深まるのではないかという期待もある。また、脳のメカニズム研究のためにも、ディープラーニングを学ぶことは有益かもしれない。脳のメカニズムが判明すればディープラーニングの有効性の理由もわかるので、さらに脳のメカニズムを真似た新たな人工知能技術が確立される可能性もある。

一例として、サルとディープラーニングに同一の画像を見せて、サルの脳内でニューロン群が発火する信号と、ディープラーニングの次元削減の様子を比較したところ、従来の人工知能技術に比べて高い相関があったという報告もある。ディープラーニングは従来の人工知能と比べても、より人間の脳に似たメカニズムであると言えるかもしれない。今後は、こうした脳科学をはじめとする生物科学分野の研究の発展が、次々とコンピュータ技術の発展と結びついていくと考えられる。

このように「知能爆発」を起こすための科学的ブレイクスルーは、ヴィンジが示唆してからわずか20年ほどですべての条件が揃い始めている。だからこそいま、シンギュラリティが注目されているのだ。

3. シンギュラリティはもう起きている

ここまでは「シンギュラリティ」という言葉の意味について、その始まりと系譜を追ってきた。では、我々はいま、シンギュラリティに至る道のりの、どの辺りを歩んでいるのだろうか。シンギュラリティを迎えた瞬間に、機械は人間を一気に超えてしまうというのは本当だろうか。答えは否である。けれども現実としては、機械は人間を支配するとまではいかないものの、すでに多くの場面で人間を凌駕している。本章では、これまで対戦した人間と機械の勝負の歴史についておさらいしながら、実は我々はすでに、シンギュラリティの真っ只中にいることを確認していこう。

人間にチェスで勝つコンピュータ

1997年5月、チェスの試合で人間がコンピュータに敗れた。IBM社製のコンピュータ「ディープ・ブルー」とロシア出身のチェスの元世界チャンピオン、ガルリ・カスパロフの対局での出来事だ。カスパロフは1985年に史上最年少の22歳で世界チャンピオンになってから、15年にわたってタイトルを保持したことで有名だが、その期間中、機械相手に敗れたことがあるというわけだ。このときのカスパロフの対ディープ・ブルーの戦績は、6戦して1勝2敗3引き分けであった。

チェスの攻略アルゴリズムは1960年代以前から研究されていたのだが、当時、一番の問題はハードウエアの限界にあった。ハードウエアが貧弱で、数手先まで探索・推論することなど不可能だったのである。この問題を避けるため、当時のアルゴリズムは人間が指す手を真似ることに終始した。つまり、過去に人間が編み出した優れた手をそっくりそのまま再現したのである。そのため、ある局面では記憶している良手を真似ることで素晴らしい対戦をするのだが、別の局面ではその手がまったく効果を発揮しなかった。だから人間を負かすことは到底できなかった。

1980年代にはハードウエア面の性能が上がって、探索や推論もある程度まで可能になり、人間の専門家の意思決定能力を模倣する「エキスパートシステム」が実現された。そしてチェスの攻略アルゴリズムにおいても、エキスパートシステムと同様の実装が行われた。これにより、指し手に関するルールベース(定跡などの知識)を保持しつつ探索・推論を行い、よりよい手を導き出すことが可能になった。その頃、有名になったチェスのアルゴリズムに、カーネギー・メロン大学の博士課程の学生たちがつくった「ディープ・ソート」がある。ディープ・ソートは当時、10手先まで読む能力があった。

このディープ・ソートこそ、「ディープ・ブルー」の前身である。IBMにスカウトされたディープ・ソートのチームは、1秒に1億パターンもの探索ができる能力を備えたコンピュータ上に、ディープ・ソートを大幅に改良したチェスのアルゴリズムを展開してチェス専用のコンピュータをつくったのだ。これがディープ・ブルーである。

カスパロフとディープ・ブルーが初めて顔を合わせたのは1990年だが、このときはディープ・ブルーが大敗している。この1度目の対局のあと、カスパロフは「コンピュータに負けることなどない」と発言している。

その後、1996年に行われた対局では、6戦してカスパロフの3勝1敗2引き分けだった。ディープ・ブルーは試合には負けたものの、チェスのプロプレーヤーから1勝を奪うことに成功している。

そして1997年に行われた対局で、先に述べた通りカスパロフは1勝2敗3引き分けに終わり、コンピュータであるディープ・ブルーに敗戦を喫してしまった。ディープ・ブルーの勝因は、素直に考えればハードウエアの進歩にあると言えるだろう。ムーアの法則のおかげでわずか1年のあいだに性能が2倍になって、コンピュータが人間に追いついたのだ。とはいえ、この初めてのコンピュータの勝利には裏話がある。ディープ・ブルーの設計者のマレー・キャンベルは、ディープ・ブルーが打った手のなかにプログラムのバグによるものがあったことを認めている。1度目の対戦終了後にバグは修正したが、そのときも見落としたバグがあったという。そのバグから生じる読めない手がカスパロフを混乱に陥れ、ディープ・ブルーが勝利したということも考えられる。

しかし、バグをどのように評価するかはともかくとして、これがチェス史上初めてコンピュータが人間のチャンピオンを負かした瞬間であることは間違いない。その後も人間対コンピュータの激しいチェス勝負が行われているが、コンピュータが勝つことはたびたびある。

さて、人間と機械のチェス勝負の話には後日談もある。チェスでコンピュータに負け始めた人間は、チェスとほぼ同じ駒を使って遊ぶことができる「アリアマ」というボードゲームを考案した。元NASA職員のオマール・サイドが編み出したこのゲームは、単純なルールでありながら、各局面で指せる手の種類がチェスよりも多く、何千通りも選択できるようにすることで、コンピュータの計算を困難にさせたのが特徴だ。しかし、このアリアマの勝負でも、2015年にコンピュータプログラム「bot_sharp」が7勝2敗で人間を負かしている。

クイズ番組を制覇するコンピュータ

コンピュータが人間を打ち負かしたのはボードゲームの世界だけではない。2011年2月16日、これまたIBM社のコンピュータである「ワトソン」がアメリカのテレビクイズ番組「Jeopardy!」に出演し、最高賞金を手にした。人間のクイズ王にコンピュータが勝った瞬間である。

Jeopardy! はアメリカで40年以上放映されてきた、早押しクイズの人気番組だ。この日、ワトソンは全米のクイズ王であるブラッド・ラッターとケン・ジェニングスに挑んだ。この番組の問題は、とんちの利いた質問に特徴がある。答えを考える際は、質問に含まれる微妙な意味、風刺、謎掛けといった複雑な文脈を読み取る分析を行わなければならない。問題は歴史、文学、科学など幅広い分野から構成された6つのカテゴリで各5問、合計30問が出題される。この問題カテゴリが曲者で、単純に「歴史」とか「スポーツ」というものではなく、「Eで始まる医療用語」や「ビートルズの歌詞に出てくる人の名前」といった形で表現された、非常にマニアックなカテゴリ分けになっている。さらに厄介なのは、出題は質問形式ではなく、事実を述べた文章形式になっていることだ。例として2016年7月12日に放映された、第7342回の番組の問題を見てみよう。「ノーベル平和賞」というカテゴリの問題では、「2008年にノーベル平和賞を受賞したマルッティ・アハティサーリは、この国のアチェ州で長年続いていた紛争の終焉を支援した」という具合に質問が出される。正解は「インドネシア」である。

もちろん過去40年間、同じ問題は一度も出ていない。だから過去に出題された問題の答えを覚えていても無駄なのだ。

さて、この番組に出演するにあたり、ワトソンは本や映画の脚本、百科事典など合計100万冊ものデータを蓄積していた。ワトソンは話し言葉で与えられる問題文を分析し、大量の文書の中から解答の候補とその根拠、確信度を計算し、確信度が高い答えが得られたときに早押しボタンを押して回答する、というプロセスを踏んでいた。Jeopardy! では答えを間違えると減点になるため、確信度が一定以下の場合はボタンを押さないように設計されていた。そのため、ワトソンがボタンを押したときは9割弱程度の正解率を達成した。さらに、ワトソンは解答を探すだけでなく、ゲームの状況をリアルタイムで分析しており、すでに獲得している賞金が多いときは掛け金を減らしたり、負けているときは逆に多めにしたりするといった具合の駆け引きを得意とした。

人間のクイズ王であるブラッド・ラッターとケン・ジェニングスがこの日、獲得した賞金はそれぞれ1万4000ドルと4800ドルだったのに対し、ワトソンはなんと3万5734ドルを獲得して1位になった。コンピュータはクイズ番組でも人間を凌駕してしまったのだ。

診断・治療法発見を行うコンピュータ

ワトソンの技術は医療分野にも応用されている。例えば東京大学医科学研究所はIBMと共同で、がんの専門知識を蓄え、分析することで、投与すべき抗がん剤を判別できるシステムを構築している。がん細胞のゲノムには複数の遺伝子変異が蓄積され、それぞれのがん細胞の性質は変異の組み合わせで異なる。そこで、ワトソンを使ってがん細胞のゲノムに存在する遺伝子変異を網羅的に調べることで、その腫瘍独特の遺伝子変異に適合した治療方法を見つけ、医療者と患者に提供する。

具体的には、特定された遺伝子変異情報を研究論文や臨床試験のデータなどの膨大なデータのなかから迅速に探索、分析することで、有効な治療方法を探し出す。ワトソンは、クイズの質問の答えを膨大なデータのなかから見つけてくるのと同じように、がんの適切な治療法を探し出してくるわけだ。日々新たなデータが追加されている膨大な研究論文や臨床試験データから適切な治療法を見つけることは、人間にとっては難しい。しかしワトソンの知識量はすでに人間のがん治療医を超えていて、さらにその知識を活用できるところまで来ているのだ。

このように、がんの適切な治療法を見つけることが可能となったワトソンは、実際に診断に参加して、見事に患者を助けている。２０１５年1月に入院した66歳の女性は「急性骨髄性白血病」と診断され標準的な抗がん剤治療を受けたが、回復が遅く容態が悪化していた。そこで女性の遺伝子データをワトソンに入力したところ、わずか10分で、当初、医師が診断を下していた急性骨髄性白血病ではなく、特殊な病気である「二次性白血病」と判断した。その結果を受けて病院が抗がん剤の種類を変えるなど治療方針を変更したところ、女性は徐々に回復し、入院から8カ月後に無事退院することができたのだ。人工知能は人間を病気から救うこともできるのである。

将棋で人間を圧倒するコンピュータ

将棋に関するコンピュータと人間の勝負も、機械が人間を超えたと言ってもいい状況となっている。日本の電気系6学会の1つで、情報処理に関する学術会の最高峰である情報処理学会が「コンピュータ将棋プロジェクトの終了宣言」を告げたのは2015年のことである。

コンピュータ将棋は、これまで50年近く研究されてきた分野である。1990年代に普及したテレビゲームで遊んだことのある方ならおわかりだろうが、かつてのコンピュータ将棋は非常に弱いもので、遊びの域を超えるものではなかった。しかし2010年10月、女流棋士で通算女流タイトル歴代1位を誇る清水市代とコンピュータ将棋「あから2010」が対局を行い、あから2010が勝利した。さらに第1回電王戦として2012年1月に行われた勝負では、当時の将棋連盟会長で永世棋聖の称号を持つ米長邦雄がコンピュータ将棋プログラム「ボンクラーズ」と対局し、男性棋士として初めてコンピュータに敗北した。その後、2013年にはプロ棋士5人とコンピュータが対戦し、プロ棋士が1勝3敗1引き分けで負け越している。2014年の対戦では1勝4敗とさらに厳しい結果となった。

　こうした流れを受けて、先のプロジェクト終了宣言が出されたのだった。宣言文には「すでにコンピュータ将棋の実力は２０１５年の時点でトッププロ棋士に追い付いている」とある。これはトッププロの棋士と数多く対局すると、コンピュータが勝ち越す可能性が統計的に高いという分析結果を踏まえた判断である。情報処理学会が、トッププロの棋士に勝つコンピュータ将棋の実現を目指したプロジェクトはわずか5年で完遂された。このあいだにコンピュータがどれほど進化してしまったのかは言わずもがなである。

囲碁で人間のプロを負かしたコンピュータ

囲碁に関しては、２０１６年3月、グーグル傘下の人工知能ベンチャー企業DeepMind社の囲碁ソフト「アルファ碁（AlphaGo）」が、韓国のプロ棋士で世界トップ級の実力者イ・セドルと5番勝負を行い、4勝1敗で勝ち越した。専門家のあいだでは、囲碁でコンピュータが人間に勝てるようになるのは数十年先とも言われていた。しかしながらアルファ碁は、鮮やかに世界トップ級のプロ棋士を破った。

囲碁の難しさの一面は、他のゲームと比べて着手、つまり選択できる手の数が非常に多いことにある。チェスは10^{120}、将棋は10^{220}、囲碁は10^{360}だ。とはいえ、着手の多さについてはハードウエア性能の向上でなんとかカバーできる。

しかしこれ以外にも、囲碁にはチェスや将棋とは違う難しさが存在する。一般的にボードゲームでは、人工知能はたくさんある着手の可能性のなかから次の一手を選ぶための指標として「評価関数」というものを計算している。簡単に言えば、ゲームの局面の良し悪しを数値化するのが評価関数だ。数値化することでコンピュータは初めてものごとを判断し、決定することができる。膨大な可能性のある一手のそれぞれについて評価関数を計算し、その評価関数の値がいちばん高いものを次の一手として選択するのだ。チェスや将棋では評価関数を設定するのは比較的に簡単である。チェスや将棋の場合は、駒の一つひとつに「王」や「歩兵」といった個別の意味がある。だから駒と駒の力関係や位置関係を計算することで局面の状況の良し悪しを見極めることができるし、これを評価関数として用いることができるのだ。それに対して囲碁は、こうした評価関数をつくるのにチェスや将棋にはない難しい壁がある。囲碁の石の一つひとつは意味を持っていないのだ。その代わりに石の連なり方が意味を構成する。囲碁では石の配置が少し変わっただけでも意味がまったく異なることがある。人間はそうした石の連なり方や配置を、石の「強弱」や「厚み」といった感覚的な言葉で表現する。このような「感覚」を表現する評価関数を設計するのは非常に難しい。

しかしアルファ碁は、「感覚」を表現する評価関数を持っていたのだ。アルファ碁が持つ、囲碁の局面を理解する評価関数は「バリュー・ネットワーク（Value Network）」と呼ばれ、ディープラーニングを用いて構成されている。バリュー・ネットワークは、チェスや将棋のように駒の関係性で決まる評価関数ではなく、盤面の石の連なりや配置をあたかも映像のようにとらえて、過去の局面における経験からよさそうな一手を導き出す。まるで石の「強弱」や「厚み」を理解しているかのように、だ。このことは、言語化や数値化することが難しいと思われていた感覚的な指標を、バリュー・ネットワークを使った学習によって獲得できたことを意味している。

アルファ碁の衝撃は、人間が囲碁で負けたという結果よりも、石の「強弱」や「厚み」といった曖昧なものを感覚として理解する能力において人工知能が人間を超えたことの方が大きい。アルファ碁はこの感覚を持つことによって、これまでの定石を覆すような新しい手をいくつも打った。「囲碁の本にはまったく出てこない手」や「これまでの常識では説明できない手」を使ったのだ。これまでの定石にとらわれない新しい手法で攻略して人間に勝利したのである。

このように人工知能は、言語化や数値化が一見難しいと思われる「感覚」でさえも、うまく設計すれば学習によって得ることができる。その「感覚」と膨大な計算力を武器に、新たな発見や知見、あるいはコツやソリューションを見出し、人間に与えてくれる可能性を秘めている。我々はいよいよ人工知能を新奇なものの発見や探究を行うためのパートナーとして受け入れるべき段階にいたったのだ。

作曲で創造力を発揮するコンピュータ

さらにコンピュータは、創造力が必要と思われていた分野でも頭角を現している。「エミー」という作曲家がいる。実はエミーはカリフォルニア大学の名誉教授デビット・コープが開発したソフトウエアで、バッハの楽曲を大量に学習し、バッハのスタイルを綿密にたどった楽曲を素早く作曲できる。コープの本職は作曲家だが、エミーにオペラ曲を作曲させて自分の名前でコンサートを開催したところ、聴衆や新聞に絶賛されたというエピソードまである。エミーはバッハの曲調を知り尽くした完璧な作曲家なのだ。

こうした作曲システムはほかにもある。例えば「ジュークデック」というサービスが2015年12月に公開された。フォーク、ロック、エレクトロニック、アンビエントの4種類のジャンルから1つと、いくつかの曲調のなかから1つを選択するだけで、数秒で指定されたジャンルと曲調を持つ音楽が生成される。指定できるオプションが少ないのが欠点かもしれないが、少ないオプションからでも曲がつくられることは逆に驚きでもある。しかもこのサービスは、ウェブのブラウザ上からアクセスすれば誰でも自由に作曲することができて、できあがった楽曲を利用することもできる。

記事を自動執筆するコンピュータ

文章作成の世界でもコンピュータの活躍は始まっている。ＡＰ通信は人工知能ソフトウエアを導入して、２０１４年から企業の決算報告記事を自動生成している。ＡＰ通信は以前から、四半期ごとに平均で約３００本の決算報告記事を配信していたが、これらは人間の手作業によってなされていた。現在では、人工知能技術と、株式調査会社のザックス・インベストメント・リサーチ社が提供しているデータを活用することで、１５０～３００ワード程度の文章を自動的に作成し、四半期に最大４４００本の決算報告記事を配信するようになった。

この人工知能技術は、ノースカロライナ州ダラム市に拠点を置くオートメーテッド・インサイツ社の「ワードスミス」によるものである。ワードスミスは必要なデータを与えるだけで自動的に文章にしてくれるソフトウエアだ。このソフトはエクセルやＣＳＶ形式など数字を羅列しただけのデータに対して分析を行い、あらかじめ設定されたテンプレートに基づいて、人が読める文章を自動的に生成する。ワードスミスはＡＰ通信だけでなく、Ｙａｈｏｏ！やマイクロソフトなどにも導入されていて、自動生成された記事がインターネット上に公開されるようになっている。Ｙａｈｏｏ！の記事やＡＰ通信の記事の最後に、記者名ではなく「story was automatically generated by Automated Insights」と記されている場合、それはワードスミスが自動生成した記事である。

ほかにもワシントン・ポストが、２０１６年に開かれたリオデジャネイロ・オリンピックの報道の一部で人工知能を採用したことを発表している。自社開発した人工知能

「Heliograf」を使い、試合結果やイベントスケジュールなどを伝える短い記事を作成していたのだ。Heliografにより、スポーツ担当記者や編集者は機械的な結果速報やスケジュールなどの記事を作成する手間が省け、詳細な解説や裏話などを掲載する記事にリソースを割くことができるようになった。

小説や脚本を執筆するコンピュータ

コンピュータが書けるのは、数字などの事実情報に基づく記事だけではない。ロンドン芸術劇場は2016年2月、世界初のコンピュータが制作したミュージカルを上演すると発表した。上演は人間が行うが、脚本などの創造的な部分はコンピュータが担当している。ケンブリッジ大学は膨大なヒット・ミュージカルを分析し、筋書き、登場人物の人数、役割、そのあいだの関係性などの類似性を調べたうえで、ゴールドスミス・カレッジが開発したアイデア生成ソフトウエア「What-if Machine」を用いて、登場人物やあらすじを出力した。さらに、スペインのコンプルテンセ大学が開発したソフトウエア「ProperWryter」を使って、そのあらすじを脚本に仕立て上げた。ミュージカルの音楽も、英ダラム大学の作曲システムを用いている。このように、あらすじから脚本、音楽までさまざまな人工知能を使うことで、人間が劇場で演じることができる一つの作品をつくり上げることが可能となっている。

小説もコンピュータが書いてしまう時代がすぐそこまできている。作家の中村航氏と芝浦工業大学情報工学科の米村俊一教授は、共同で小説執筆支援のための「ものがたりソフト」を開発している。これはコンピュータから出される「主人公の特徴は？」「物語のメインとなる行動は？」「登場人物の心境は？」といった質問に人間が答えていくことで、プロットつまり小説の設計図が完成するというものだ。

公立はこだて未来大学の松原仁教授らのグループは、人工知能を使って星新一風のショートショートを創作するプロジェクトを進めている。いまのところ作品をつくる貢献度としては人間が8割、人工知能が2割程度だが、星新一風のオチが見事に表現された作品に仕上がっている。実際、ショートショートを対象とした公募文学賞である星新一賞にこの人工知能によってつくり出された4作品を応募し、受賞には手が届かなかったものの第一次審査を通過して、その実力を証明している。

このようなソフトウエアはもはや珍しいものではなく、市販されている脚本作成援助ソフトウエアである「Dramatica」、「FINAL DRAFT」、「MOVIE MAGIC2000」などは、実際にハリウッドのような映画制作現場で使われている。もはや創造性の部分についてもコンピュータと人間が協働しながら作品をつくり上げるのが当たり前の時代になりつつある。

人間になりきるコンピュータ

さて、これまで見てきたチェスや囲碁の対戦、あるいは脚本や作曲の協創は、人間が意識的にコンピュータに対峙した場合の例だった。ここからは、さらにもう一段階進んで、コンピュータと人間の境界線がなくなっていく事象をとり上げてみよう。

まず、カーツワイルの著書に登場する「2029年」という年号に着目したい。彼は2029年までに「チューリングテスト」にパスする機械が生まれるとしている。チューリングテストとは、対象となる機械が知性を持っているかどうかを判定するテストである。端的に言えば、判定役の人間が「相手」と会話をして、その相手が人間か機械かを当てる作業を行い、それによって機械と人間を区別できるかを問うものだ（会話は、コンピュータ画面を通してテキストを送りあうチャット形式で行われる）。人間の判定者が、人間と会話をしているのか、機械と話しているのか区別できないくらい機械が自然な会話をすれば、その機械は知性を持っていると判断される。多くの場合、複数いる判定者のうち30％を欺けるかどうかに判定基準が設けられている。カーツワイルはチューリングテストにパスする機械が2029年までに登場すると予測したのだが、現実にはもっと早くその日が訪れてしまった。

2014年6月7日、英国王立協会で5台のスーパーコンピュータのチューリングテストが実施された。スーパーコンピュータと人間が、判定者たちと5分間の会話を複数回行い、判定者たちは相手がコンピュータと人間のどちらなのかを判断した。この5台のうち、「13歳の少年」という設定で参加したウクライナのスーパーコンピュータが30％以上の確率で判定者に人間と間違えられて、史上初めてチューリングテストをパスした。

13歳の少年という設定が絶妙だった、ということは確かにあるだろう。13歳なら、まだ子どもで、トンチンカンなことを言ってもおかしくないかもしれないし、ボキャブラリも少ないかもしれない。そういう点でコンピュータが模倣しやすい人物像ではないのかといった見方も含め、いろんな意見が飛び交っている。

とはいえ、史上初めてコンピュータがチューリングテストをパスしたことは事実である。カーツワイルが掲げた2029年より15年も早く「その日」がやってきてしまったのだ。

人間を虜にするコンピュータ

現実に機械が人間らしく振る舞って、人間を勘違いさせていた例もある。

カナダの出会い系サイト「Ashley Madison」で、2015年7月、3200万人分のユーザーの個人情報がハッカーに盗まれるという事件が起こった。このサイトは不倫を目的とした男女に出会いの場を提供するものだったため、個人データの流出はさまざまな人に問題を引き起こした。

だが、この事件にはもっとセンセーショナルな事実の発覚があった。実は、女性と思われたチャットやメールの相手のほとんどが、ソフトウエアでつくられた会話ロボットだったのだ。このサイトはチャットやメールを交わすたびに課金が発生する仕組みだが、男性は有料、女性は無料という設定だった。つまり、会話ロボットが人間の女性に扮して男性の心を動かすことで稼ぎを得ていたことになる。Ashley Madison は当初、女性会員が増えないことから「さくら」、つまり外部に委託して偽の女性会員を雇って男性会員とチャットをさせていたようである。しかし、それだけでは手が回らなくなったため、ユーザーとリアルタイムでやりとりする会話ロボットを導入した。女性会員がたくさんいると示すことは、男性会員を無料会員から有料会員に切り替えさせる動機づけとして非常に重要である。また、会話ロボットはいつまでたっても浮気が成立しないように会話を誘導していたため、長期間、男性会員に料金を払わせるにはうってつけだったのだ。

当然、このような収益システムを維持するためには、会話の相手がロボットだということがバレてはいけない。この会話ロボットは人間の男性会員に人間の女性会員とチャットやメールをしていると勘違いさせることが必須であるが、実際にそれが可能だったということだ。しかし漏洩事件がきっかけとなって、多くの男性会員が騙されて料金を払っていたことが明らかになった。この例は、やりとりをする媒体をチャットやメールに限定して会話ロボットをつくれば、簡単に人間を信じ込ませるだけのコミュニケーション能力を持たせることができてしまうことを示している。

このように機械は、チェス、将棋、囲碁のような世界ではいつの間にか人間を追い越し、人間に固有のものと思われていた創造性も発揮し、コミュニケーションの相手としても不足のない人間らしささえ獲得している。今後、このように機械が人間を凌駕する分野や応用領域はどんどん広がっていく。我々が知らないあいだに、機械はどんどん人間を追い越していくだろう。

人間の手に負えない機械たち

それでもまだ「人間は機械に負けてはいない」と主張する人がいるかもしれない。機械が人間を上回るとは、「機械が人間を無視して自力で行動をし始める」ことだと言う人もいる。しかし、それすらすでに実現していることに、我々はしばしば気づかされる。それは、一般的な自動化、オートメーションの副作用として、日常的に起きているからだ。人間が機械に仕事を託すことで、つねに「機械が人間を無視して自力で行動をし始める」ような事態が発生しているのだ。

比較的新しい例を紹介しよう。機械の進出で人間が手を出せない領域が新しく生まれてしまった例として挙げられるのが株取引である。ＨＦＴ（超高速取引）と呼ばれる「機械による取引」がそれである。

ＨＦＴは、自動発注機能を備えたコンピュータを使って、値動きなどをもとに自動的に判断して、超高速、超高頻度で売買を行う取引手法を指す。アメリカ市場を中心に2000年代半ばから活発に利用されるようになってきたが、日本市場でも現在、全体の売買の6割がＨＦＴによるものと言われている。日本市場でＨＦＴが盛んになったのは、2010年1月、東京証券取引所に次世代売買システム「arrowhead」が導入されてからだ。このシステムの稼動で、1000分の1秒単位という極めて短い時間での注文の処理が可能になった。1000分の1秒単位で行われる意思決定が人間の認識レベルを超えていることは言うまでもない。ＨＦＴでは、コンピュータシステムが瞬時に値動きを見ながら自動的に売買を行う。例えば、人間が値動きを目視して、そのタイミングに合わせて注文したとしても、その注文が取引所に届いたときにはすでにＨＦＴに取引されており、想定した値段では注文できない。反応の速さでは、人間は決して機械に打ち勝つことはできないのだ。ＨＦＴでは、おおまかな方針は人間が決定する必要があるものの、細かな値動きによる売買はすべてコンピュータ任せとなる。1000分の1秒単位で現状を把握し、売買をしなければならないのだから、これは最終的に機械、コンピュータ同士の戦いになる。

こうしたコンピュータによる売買が増えたことで、株式市場にこれまで見られなかった現象が引き起こされるようになった。フラッシュクラッシュと呼ばれる瞬間的な株価の暴落である。実際、2010年5月6日、ダウ平均がわずか数分のうちに1000ドル近く暴落したことがあった。何の予兆もなく、株式市場から時価総額にして1兆ドルが消失したのである。このときの原因は複合的なものとされているが、ＨＦＴが原因の一つとも言われている。さらに２０１５年8月24日にも、ダウ平均が立会開始から数分で１０００ドル近く暴落したことがあるが、これについてもＨＦＴの影響が大きいと言われている。コンピュータ同士が値動きを読みながら取引を行う環境では、フラッシュクラッシュのような、コンピュータの挙動の連鎖による思わぬ現象が引き起こされそうになったとしても、その瞬間に人間が介入することは不可能だ。

もう一つ指摘しておくべきことは、ＨＦＴにもさまざまな種類があり、必ずしも人工知能と呼べるシステムではない場合も多いということである。細かな値動きを察知して、いち早く売買するだけの旧来型の単純なシステムもＨＦＴとして現役で稼動している。つまり、さまざまな仕組みや技術を持ったコンピュータシステムが株をめぐって売買をしているわけで、そうした市場ではもはや何が起こるかわからない。複数のさまざまなシステムが介することで、人間の手に負えない新たな世界が出現してしまったのである。

我々はシンギュラリティの真っ只中にいる

ここまで、さまざまな領域で機械が人間を超え始めていることやその副作用の例を述べてきた。「技術的特異点」という言葉から連想されるようなある時点を境にして人間を超える機械が生まれるのではなく、すでにさまざまな領域で人間は機械に凌駕されている。

つまり機械は連続的に進化して徐々に人間を超えていくのであり、ある瞬間に突然、人間を超える機械が誕生するわけではないのだ。シンギュラリティとは特別な時点に起こるできごとではなく、次々と重ねられる技術的進展によって連続的に起こるものであり、我々は今、その真っ只中にいるのである。

4. なぜ我々は機械の進化に鈍感なのか

機械が人間を追い越している分野がどんどん広がっているのはこれまでみてきたとおりだが、我々はこの状況を実感し、正しく認識しているだろうか。技術が驚異的なスピードで変化しているのに、「変化が起きている」と感じることは意外にも少ない。それは進化のスピードに対して我々が鈍感なせいかもしれない。その理由を探ってみよう。

機械が指数的進化をしても人間は気づかない

1章で述べたように、ムーアの法則を始めとして、これまで科学技術は指数的に進化してきた。特にハードウエアに関する研究は、半導体の集積密度をさらに上げるために、分子、原子ぐらいの小ささへの微細加工が必須となるところまで進行しており、神の領域に差し掛かったと言ってもいい。

それほどの技術の恩恵を我々はいま受けているわけだが、それを実感し、正しく認識できているか。身近な進化の例を挙げてみても、数年前にはこれほど軽くて薄いノートパソコンは普及していなかったし、携帯電話に替わってスマートフォンが普及したのも、ここ10年ほどの話だ。そうした普及とともに、スマートフォンやパソコンを操作する際、フリーズ（スマートフォンやパソコンが何らかの原因で応答しなくなること）などのトラブルに泣かされることもかなり少なくなった。

だが、トラブルの回数の減少よりも、損害の方が大きくなっていることに着目しなければならない。かつて我々がコンピュータや機械を使って生産活動を行っていた頃、フリーズなどのトラブルが頻出しても被害が最小限ですんでいたのは、コンピュータや機械に任せる生産活動が限定されていたからである。技術の応用範囲が限られていた時代には、機械やコンピュータは我々の認識できる範囲で動いていた。それが現在では、コンピュータや機械に任せる生産活動が拡大し、その一部は自動化されて、我々が認識できない範囲にまで進出している。機械に多くの仕事を任せられるようになったことで、我々は新たな価値や時間のゆとりを得たはずなのに、機械化された社会で生活するうちにその恩恵に慣れてしまい、そうした事実を意識することがなくなってしまった。

コンピュータや機械から形成されるシステムは、いまや単独で動作しているわけではない。システムは他のシステムとつながっている。自動化を実現したコンピュータや機械によって、そのうえにさまざまなシステムが構築され、それらがインターネットで接続されて相互に影響を与えあっている。そのことに気づいていない我々は、1つの機械やコンピユータシステムがダウンした際、他のシステムに次々と影響がおよぶ負の連鎖を目の当たりにしたときに初めて、どれほどコンピュータや機械に生産活動を依存しているかを意識することになるのだ。

我々はチェスや将棋、クイズなどで機械が人間を追い越す現場を目の当たりにしていても、その脅威を生活のなかで感じることができない。それは、技術の進歩によりある日突然、生活が一変するような非連続な世界に暮らしていないからだ。技術が急激に進化していても社会にもたらされる変化は少しずつ、という連続性を保った世界にいるから、毎日の変化に気づかなくなってしまうのだ。

技術による社会の変化は連続で気づきにくい

経営や経済の世界には「技術革新の非連続性」という言葉があるではないか、と思われた読者もいるかもしれない。技術革新の非連続性とは、通常、技術の進歩には連続性があるが、革新的な技術はその既存の技術の延長線上にない、というもので、経済学者であり社会学者であるヨーゼフ・アーロイス・シュンペーターによって提唱された。シュンペーターは技術革新の非連続性の例として鉄道の発祥を挙げ、「鉄道を建設したものは一般に駅馬車の持ち主ではなかったのである」と記している。馬車の車輪の改造をいくら行っても、当時の鉄道のような画期的な技術は生まれなかった——つまりそこには技術革新の非連続があったというわけだ。確かにそうだ。船にしても、人がオールで漕いで動かすことと風力によって動かすという技術は連続していない。蒸気機関によって動く船も、風力や人力で動かす技術とは連続ではない。そうした意味では非連続である。

とはいえ、蒸気機関が生まれたときも、ある日突然、オールで漕いだり風力で動かしていた機械が蒸気機関に取って代われたわけではない。普及スピードの遅い速いはあっても、それは徐々に広まっていったのである。社会へ浸透するプロセスは現実世界が連続性を持つアナログな世界である限り、非連続になりえない。

例えば18世紀に起きた産業革命という変化全体を連続なものと見なしていいか。少なくとも人々が暮らしていた社会の変化は連続性を保っていたはずである。産業革命を少し振り返ってみよう。

生産活動を劇的に変化させた産業革命

産業革命とは18世紀後半のイギリスで起きた産業構造の変化を指すが、発端はジョン・ケイによる飛び梭(ひ)の発明からだった。これは機織りの横糸を右から左へ、左から右へと送る梭を、バネによって自動的に滑らせる装置である。これにより、布の生産量は大幅に上がった。しかし機織りが速く行われるようになっても、糸づくりが間に合わなければ生産は追いつかない。そこでジェームズ・ハーグリーブズによって従来の紡績機が改良され、

1台で8糸を同時につくり出すジェニー紡績機が発明された。これと同時期にリチャード・アークライトによる水力紡績機も発明されている。さらにサミュエル・クロンプトンは、ジェニー紡績機と水力紡績機を組み合わせて、より効率的に自動の糸づくりが可能となるミュール紡績機を発明した。紡績、つまり糸づくりが速くなると、製織技術にもさらなる効率化、高速化が求められた。その当時にジェームズ・ワットの蒸気機関に関する発明があり、蒸気機関を活用してエドモンド・カートライトは力織機（機械動力式織機）を発明した。

こうした発明の一つひとつは非連続かもしれない。例えばエネルギー源をとっても、人力から水力、そして蒸気機関へと変化している。しかし、技術としては非連続であるが、それぞれが用いられた対象はいずれも製織、紡績の効率化である。そういう意味では、それぞれの技術は発明されるべくして発明されたものであり、産業革命という社会変革の大きな流れから見れば、連続的な発展であったと言えるだろう。あるいは、産業革命はカーツワイルが提唱した「収穫加速の法則」が相次いで起こったものと考えることもできる。一つの重要な発明が他の発明と結びつき、次の重要な発明が出現する期間が短縮されたのだ。

当時を生きた人々は産業革命を意識しただろうか。社会が徐々に変わっていくことは感じていたかもしれないが、この時代を「産業革命」と呼んだのは後世になってからである。

■急激な変化への反発「ラッダイト運動」

産業革命における社会の変化が、大きいものであったことを示す出来事が「ラッダイト運動」である。１８１１〜１８１７年にかけて起こったこの運動は、イギリスのイングランド中部・北部の繊維工業を中心とした労働者たちが、失業や貧困を新たな機械の導入が原因だとして起こした機械破壊運動である。彼らが危惧したのは一つひとつの発明ではなく、機械化がおよぼす自分たち労働者の生活への影響である。

我々が機械を使う目的は一貫して作業の効率化にあるわけだが、その究極は作業の自動化にある。つまり、これまで人間が行っていた作業を機械に託すわけで、それは作業工程に携わる人間が要らなくなることにつながる。このような背景から生じる失業は「技術的失業」と呼ばれたりする。

しかし、実際には、機械もしくは周辺設備を導入するために新たな人間が必要となる。つまり、何らかの別の形で労働需要が生まれているはずだ。発明や新たな機械の導入による自動化は、人間の生活や労働の形を急激に変化させる。その変化を察知し、変化に応じて自分たちも変わればいいのである。しかし現実にはそこに摩擦が起き、人間はすぐに対応することができない。社会が連続的にしか変化できないため、変化を察知することが遅れるからだ。

人間の鈍感さとフェヒナーの法則

これまで述べてきたように、個々の新技術は非連続で現れるが、その技術を適用した社会は連続的に変化する。我々は指数的かつ連続的に変化する社会のなかで生きている。そして指数的で急激な変化であっても、連続的な変化に身を置いているときには、それをなかなか実感できていない。それはなぜだろうか。その理由の一つとして、我々の感覚や生理的な機能がそのようにできていることが考えられる。

エルンスト・ウェーバーというドイツの心理学者の実験がある。ウェーバーは、人がおもりを持ち上げる実験を行った。おもりを徐々に増やしていくことで、人はどのように感じるかという実験である。例えば100gのおもりを持ったあと、少し重くして110gで初めて「重くなった」と感じる人は、200gのおもりを手に持ったあとは、10gの増量ではなく、20gを追加して220gにならないと「重くなった」と感じないということを発見した。つまり、刺激が大きくなると感覚は鈍くなる、ということだ。また、おもりを持つのにおもりの重さの変化を感じとることができるのは、何グラム増えたかという絶対量ではなく、何倍になったかという比に依存するという法則も見出された。

このウェーバーの法則を拡張して発見された、刺激の強さと人間の感覚のあいだに成り立つ有名な法則に「フェヒナーの法則」というものがある。これは、感覚の物理的な側面を対象とする研究領域である精神物理学の基本法則だ。この法則は、刺激の強さRと感覚の強さEのあいだには対数関数$E=k\log R$（kは定数）の関係があるというものだ。

これは次のようなことを意味する。例えば、1の強さの刺激を与えたときに感覚として1の強さを感じ、2の強さの刺激を与えたときに感覚は2の強さを感じたとしよう。では、3の強さの刺激を与えたとき、感覚は3の強さを感じるのか。フェヒナーの法則によればそうはならない。感覚として3の強さを感じさせるためには、4の強さを与えなければならないのだ。さらに、感覚に5の強さを感じさせるためには、8の強さの刺激を与えなければならない。つまり、刺激の強さが倍々に大きくなっても（指数的に増えても）、感覚の強さは直線的にしか大きくならない。刺激と感覚のあいだには対数関係が成り立っているということだ。このため人間は、刺激が強くなればなるほど刺激の差異をあまり感じなくなる。

フェヒナーの法則に従っている例に、星の明るさの等級がある。星の明るさの単位「等星」は、6等星の100倍の明るさが1等星と定義されているので、等星が1上がるごとに明るさは約2・5倍になる。等星とは、明るさの「差」ではなく「比率」を表したものである。つまり、差で考えれば、6等星と5等星の差よりも2等星と1等星の差の方がはるかに大きいわけだ。明るさが小さい場合の差は感じるが、大きくなればなるほど差を感じづらくなるという例の一つである。フェヒナーの法則は、個人差はあるものの、さまざまな刺激と感覚のあいだで成り立つ。

人間は急激な技術の変化に鈍感である

技術の指数的な発展を人間が感じるときにもフェヒナーの法則が当てはまるのであれば、人間は非常に鈍感になるだろう。これが、技術の発展を実感できない理由かもしれない。指数的に発展する技術、変わりゆく社会に対して、我々はめまぐるしく変わっている現状を本当は感覚として得ていないとも考えられる。時間とともに技術も大きく進化するにもかかわらず、大きく進化すればするほど、その進化によって生み出される「差」に人間の感覚は鈍感になっていくわけだ。

フェヒナーの法則は、技術に対する適応度の個人差が大きくなってしまう、いわゆる「テクノロジーデバイド」が発生する理由も説明するかもしれない。フェヒナーの法則によって、技術の発展と人間の感覚は乖離していくと考えられるが、その乖離の程度にも個人差があるからだ。テクノロジーデバイドは、この感覚の個人差が原因なのかもしれない。猛烈な技術の進歩をキャッチできるかできないかという個人差は、技術の進歩に対する適応度の違いを生み出す原因になりうる。技術の進化をセンシティブにとらえ、社会の変革として受け入れることができる人と、進化の具合に気づかずに過ごしてしまう人とのあいだで差ができてしまうのだ。とはいえ、技術の進歩のスピードがさらに加速すると、かつては敏感な人なら感じることができた「以前との差」にも無感覚になり、もっと大きな差が生じない限り、誰もその感覚を覚えなくなるだろう。ついにはほとんどの人が、進歩に対する感覚が鈍磨して技術の進歩に適応できなくなり、デバイドの向こう側に取り残されることになるかもしれない。

人間は「機械が人間を超える日」を認識できない

このようにとらえると、SF小説のように、ある日、突然すべての人間が機械やコンピュータに凌駕されたと気づくような、ドラマティックな展開は起こりえないと考えられる。そうした変化が起こっていたとしても、人間には気づくことができないのではないか。カーツワイルは「機械が人間を超える日」を2045年としたが、もし本当に2045年にそのようなXデーを迎えたとしても、技術変化が指数的かつ連続的に起こっていたら、対数でしか感じられない人間の感覚では認識できないだろう。シンギュラリティが、ある日突然、人間が究極のダメージを受けるような事件として現れることはなさそうである。

ここまで、急激な機械の進歩の歴史をたどってきた。こうした進歩は、機械が勝手に変化したために生じたわけではなく、少なくともこれまでは人間が欲して機械を進歩させてきたものである。それなら、そもそも機械をこれほどまで進歩させなければならない理由とは何か。そして、進歩した機械とどのように付きあっていくべきなのか。次章から見ていくことにしよう。

第2部

信頼できない人工知能は進化できない

5. なぜ我々は自動化を欲するのか

人間が生産活動の効率化を求めたことで機械が登場し、それは一連の進歩を遂げてきた。そして次の段階には機械の自動化があり、さらに機械が人間を超えるシンギュラリティがある。本章では、まず「機械とは何か」をもう一度、明らかにして、人間との関係性をとらえたうえで、機械の自動化が人間にもたらす「効能」について考察する。機械の自動化について考えることは、我々がどのようにシンギュラリティをとらえるべきかについて考えるときに、とても重要なポイントとなるからだ。

人間は道具によって進化した

アメリカの独立宣言の一翼を担った18世紀の政治家で、物理学者でもあったベンジャミン・フランクリンは、「人間は道具をつくる動物である」という言葉を残している。「道具をつくり、使う」という能力は人間と他の動物とを分ける特徴の一つであることを述べたものである。

残念ながら、この言葉は少し現実とは異なる。チンパンジーなどの動物も道具をつくって、それを使うからだ。チンパンジーは人間以外でもっとも道具をつくったり、使ったりする動物である。例えば、彼らはシロアリを釣って食べる。その方法は、蟻塚に穴を開け、小枝を差し込み、その小枝についたシロアリを食べるという単純なものだが、シロアリを釣るための小枝はその辺に落ちているものを何でも使うわけではない。小枝の長さを調整するために手でちぎったり、小枝についている葉を手や歯で取り除いたりして、シロアリを獲りやすい道具をつくるのだ。ときには蟻塚の穴の大きさに応じて形や長さなども使い分ける。

チンパンジーのような例があっても、依然として一部の学者は、サルからヒトへの変化の代表的なものとして「道具をつくり、使う」ことを挙げることが多い。確かに人間は、道具をつくる、使いこなすという点においてまったくほかの動物種を寄せつけない高いレベルの創造性を発揮し、さまざまな道具で世の中を溢れかえらせてきた。その点では、道具の進化は人間の進化を物語っているということができる。

人間のつくる道具にはモジュール性がある

チンパンジーのような動物が見せる道具づくりの場合、シロアリを釣り出すための小枝のように「一つの目的に一つの道具」という関係にとどまっている。道具を組み合わせたり、結合させて使うことはない。それに対して人間は、複数の道具を組み合わせて、新しい道具をつくり上げることができる。道具一つでも、もちろん使うことはできるが、複数の道具の組み合わせによって別の用途の道具もつくり上げることができる。その組み合わせの仕方は膨大な数におよび、人間の創造性の豊かさの根源となっている。現在、我々が使う道具を見れば、そのほとんどが何らかの複数の道具の組み合わせで構成されていることに気づくだろう。このように、ある道具が別の道具の一部になることができるという性質を、ここでは「道具のモジュール性」と呼ぶことにしよう。

道具のモジュール性によって、「つくる」あるいは「使う」道具の多様性、複雑さが生み出される。道具のモジュール性を発揮させるには、ある道具にどのような操作をすることで、どんな動きが可能になるかを予測する能力が必要となる。この予測能力を駆使して既存の道具を組み合わせて新たな道具をつくり、それを使いこなしていく。その積み重ねが、多様で複雑な、膨大な種類の道具が存在する環境を生み出してきた。その延長として「機械」が誕生したのだ。

人間は道具のメタ性を利用する

人間の道具が多様であるもう一つの理由は「道具のメタ性」つまり「道具をつくるために別の道具を使うことができる」という点にある。チンパンジーは自らの身体を使って道具をつくる。手を使ったり、歯を使ったり、ときには足を使ったりするかもしれない。けれども道具をつくるために道具を使うことはない。あくまでも自らの身体能力の範囲でつくれる道具をつくる。一方、人間は道具をつくるために必要な道具を用意する。例えば本棚を組み立てるときはネジを用意し、さらにそのネジを締めるためにドライバーという道具を使おうとするだろう。

「道具をつくるために道具を使う」ということは、自分の身体能力以上の機能や力を駆使して、新たな道具をつくることができるということだ。一例として、スマートフォンのような精密機器を考えてみよう。部品が手元に揃ったとして、道具を用いずに手足を使ってスマートフォンを組み立てることは可能だろうか。さまざまな困難が考えられるが、まず突き当たるのは、スマートフォンに詰め込む微小なパーツを指先だけで並べることだろう。スマートフォンを組み立てるということ自体、人間の手だけでは到底できない、身体性を超越した行為なのだ。そこにはスマートフォンという道具をつくるための道具が必要になる。

さらに、道具をつくるために道具を使うことで、簡単に、短時間に、大量につくることが可能になった。道具のメタ性を見出した人間は、多様で複雑な道具をつくり上げることに成功しただけでなく、同じ道具を簡単に素早く大量につくり上げることにも成功したのだ。

「道具」と「機械」はどう違うか

機械も、道具の性質であるモジュール性、メタ性を受け継いでいる。この二つの性質を組み合わせて使うことにより、我々は複雑な機械を素早く大量につくることに成功している。逆に考えれば、複雑な機械を大量につくるためには、小さな機械を分担してつくり上げ、それを組み合わせればいいのだ。道具をつくり、使う動物はほかにもいるが、道具のモジュール性とメタ性に気づき、これだけ多様で複雑な道具を大量につくり出すことができたのは人間だけだ。

人間の能力の進化が道具の進化を生み、道具の進化が人間の進化を育む。そうした相互作用によって我々は進化してきた。人間は「道具」から、さらに「機械」というものも生み出した。この機械が進化し続けているいま、人間は新しい変化を受け入れなければならないときに来ている。その状況にアプローチする前に、ここで改めて道具と機械について定義しておこう。

道具とは、狭義には人間の手などを用いて、人力で動かす補助器具を指す。動力はあくまでも人力であるところがポイントだ。道具は、人間の身体能力を補助し、道具がなければ不可能だったことを可能にする。使用する人間の身体機能を拡張することが道具の主な機能となるが、その際の動力は人力であり、直接、人間の手によって操作される。

一方、機械は、狭義には外部からの動力供給を受けて、目的に応じた一定の動作をするもので、道具と比べると動力源が人間自身ではないところがポイントである。

産業革命以前の機械は風力、水力など、自然の力に頼った機械が主流であった。産業革命の大きな転換点は動力が蒸気機関になったところにある。この変化が機械生産を可能にした。さらに機械が発展し、20世紀初頭にはアメリカを中心として大量生産・大量消費の文化が広まったが、その背景には電力という新たな動力による機械の変化があった。

動力が人間以外になるということは、生産活動が行われる際に必ずしも人間の身体は必要なくなるということだ。それまで人間が自らの身体や体力を使って道具を動かして行っていた作業が、機械では他の動力で行われる。つまり、機械は人間の「身体を生産活動から解放する」機能を持っている。さらに詳しく、道具と機械の機能についてみていこう。

道具は人間の身体を拡張する

道具の動力源は人間の身体であり、その操作も人間の身体によって行われる。そのため、生産活動の成果の大小は、その人がどれだけ上手に道具をつくり活用するかで決まるので、その人の社会的な評価も道具の利用の巧拙で左右されることになる。実はこの点が人間、より広義には猿人以来のライフスタイルの大きな変換期だった。

道具が生活に導入される前は、類人猿は自らの手足で取れる木の実などの食べ物を採集して食べていた。基本的に手で摘んで食べることの繰り返しであり、最小範囲での自給自足ということになる。

　そこに道具が出現したことで、道具をつくる、使うという「身体機能を拡張する技能」が求められるようになってきた。この専門性とも言うべき能力は、本来の生命維持のための行動とは直接関係がない。言い換えれば、生物としての人間が必ずしも持たなければならない能力ではないのだ。しかしながら、そのような専門的能力を生かすことによって、新たな生産活動が可能となった。

　やがて、道具をつくる、使うことによって生まれる成果に対して、価値の交換が行われるようになる。道具を使って狩猟・採集した人だけでなく、道具をつくり出した人にも食糧などが受け渡される仕組みが必要だからだ。その仕組みが定着すると、初期には役割分担の仕組みが発達する。ある人は石器をつくり、ある人はその石器を使って狩りをする。また、ある人は土器をつくり、別の人はその土器を使って、より多くの木の実を採集する。このように役割を分担し、その貢献度に応じて食べ物が分配される。これは、分化した労働の慣習化と言っていいだろう。

　こうして労働は、道具をつくったり、使ったりして得られる「価値」の流通を生んだ。さらに人々が自分の役割や専門の作業に特化していくと、そのなかで生み出された生産物を各人のあいだで交換しなければ必要を満たすことができなくなる。これこそが交換可能な価値＝貨幣の誕生を促した。例えば、自分が道具を使ってつくり上げた物を売ることで得たお金で、代わりに必要な食べ物を買う。その食べ物もまた、何らかの道具を使って得られた物だという具合である。

そうした流れのなかから、道具を使って何かをつくり出すという「手工業」が生まれた。手工業で得られる価値は、生産物の数や量に比例する。そして生産物の数や量は、道具が動かされた回数や量に応じて増える。ということは、人間が物をつくるために道具を動かした量に対して、間接的に価値が発生していることになる。道具は身体性の拡張がその機能であるため、人間の身体と切っても切れない。つまり、手工業で生まれる価値の量は、道具を使う人間の動きの量に比例することになる。

機械は身体を生産活動から解放する

それに対し、機械では動力が人力以外から供給されるので、生産活動に人間の身体は必要ではなくなる。例えば紡績、すなわち繊維から糸という生産物を得る作業について考えてみよう。道具がない時代は主に手で紡いでいたわけだが、これは時間のかかる作業である。道具が開発されて、いわゆるガラ紡という足踏みによる紡績が実現したことで、より効率的に糸を紡ぐことが可能になった。さらに蒸気機関を動力にした紡績機という機械の出現で、人力は必要なくなった。このように生産過程と人間は、機械の登場によって離れることになる。機械に任せれば、人間がいなくても物はできあがる。このことにより、道具による生産をしていた頃とは価値の発生・分配の構造がまったく異なったものになる。

もう一つ、道具の時代と異なるのは「規模」である。機械による生産が始まったことで、道具で生産していた頃と比べ、生産物の規模や量は飛躍的に増大していく。そのため、一つひとつの生産物をつくることの価値は薄れていく。代わりに、大規模に大量に展開される生産物に関わるリソースの管理、マネジメントというものが価値を持つようになる。機械の管理、流通の管理、顧客の管理、労働者の管理など、道具の時代のように小規模で展開していた頃には顕在化しなかった「リソースの管理」という仕事こそが価値を生む源泉となる。

リソース管理が価値を生むという意味で、もっともわかりやすいのが需要と供給の関係だ。例えば布を機械で生産すれば、道具でつくっていた時代と違って、一気に大量の布を生産することが可能になる。けれども、布を単純に大量生産しているだけでは売れ残ってしまう。そこで「夏は暑いから、布はそれほどいらないだろう」「冬は寒さが厳しいから、布がたくさん必要だろう」「今年の流行の色の布を大量に出荷しよう」というように、需要とのバランスを考えて生産することが重要になる。これこそ需要と供給のバランスであり、このリソース管理をうまく操作することで、布の価格つまり価値も変動していく。布の価格の変動は、布の生産コストの変動よりも、リソース管理による変動の影響をより大きく受けるようになる。

道具による生産が価値をつくった時代と、機械を管理することが価値をつくる時代とでは、社会構造もライフスタイルも徐々に変わっていく。その変化が起こったときの例の一つが先に述べた産業革命であり、ラッダイト運動であると考えることもできる。

機械が人間の身体を解放・代替することで、生産に直接関わっていた労働者の職を奪ったのは事実である。しかし労働という大きな観点から見ると、これは労働の形態を変えただけにすぎない。そこを見誤ってはならないのだ。当時の学者のなかにも、ラッダイト運動に同情を寄せる者はいた。彼らがそう考えたのは、同じ物をつくるのに前より少ない作業ですむような技術が生まれれば、労働者数は少なくてすんでしまうという理屈によるものだ。しかし実際には、雇用の全体量は減少していない。自動化・機械化が進むと第三次産業へ雇用の中心が移ることによって雇用数が維持される傾向は世界的に見られるし、自動化の進んだ国や地域ほど失業率が高いということもない。失業率には景気や人口動態の方が大きい影響をおよぼす。機械が雇用の総量を減らすという見方は、機械導入における価値の変化が、ライフスタイルの変化をもたらすことを見誤っていただけである。

自動機械は生産活動から人間の意識を解放する

このように、道具の時代には生産活動そのものが価値の中心だったが、機械の時代になると生産の管理、マネジメントが価値の中心に変化してきた。そして産業革命から現代に至るあいだも、機械が新たな機能を持つことで価値のあり方は変異しつつある。

現代の機械のなかには、ただ人間の代わりに動くだけでなく、自律的に制御しながら動作するものも出現し始めている。それをここでは「自動機械」と呼ぶことにしよう。人間が機械を操作しなくても、何を生産するかに応じて機械同士が連携しながら動作するような機械がこれにあたる。自動機械は、人間がこれまで行ってきたリソース管理の一部を機械自身が行うことで、自動的に生産物を生み出す。つまり、物の生産から管理まで機械が行うようになるわけだ。

従来の機械が人間の身体を解放したのに対して、自動機械は人間の意識を解放するようになった、と言うことができるだろう。人間がわざわざ管理に意識を割かなくても、生産管理が行われる状態が実現したのだから。自動機械の出現で、管理するということに関しても機械に任せておけばよくなった。

そうなると価値の源泉は、生産物をつくることでも、リソースを管理することでもなくなる。新しい価値の源泉は、そもそも何をつくろうとしたのか、何か新しい利用シーンを見つけたかという創造の部分に由来するようになる。

具体的に言えば、自動機械によって、人間が創造したことを最適に具現化することが可能となったいま、その創造の良し悪しこそが問われているのだ。創造には、ものをデザインしたり、新たなものを発明するだけでなく、どういうシーンで使われるかという使い方の発見も含まれる。使い方の発見は新たな需要を生み出す重要な要素である。

また、自動機械は人間の意識を解放するので、人間の余暇が増し、その結果、新たに創造をする時間が増えたという考え方もできる。自動機械によって、我々が生きていくのに必要な生産活動は、管理の部分も含めてほぼ機械に任せてよくなった。それ以上の豊かさ、充実を求めるために、我々は考える。こうして、考えること、創造すること自体に、どんどん価値の源泉が集中していくのである。

インテリジェント機械は人間の創造性を代替する

そしていま、機械は自動機械を超えてさらに進化しようとしている。それをここでは「インテリジェント機械」と呼ぼう。それは人工知能のような知的なアルゴリズムが内蔵された機械のことだ。知的なロボットのようなものをイメージするといいだろう。

インテリジェント機械は「創造」という、人間に残された価値の源泉部分さえも担おうとしている。例えば、来年は白色が流行する可能性が高いと予想し、白色をベースにした商品を生産しようと発想して、生産・管理までやってのけるかもしれない。インテリジェント機械の登場はまだまだ先のことだと考えている人もいるだろうが、2章で示したようなチェスや将棋、自動作曲、自動記事生成といった人工知能の活躍から導き出される可能性を考慮すれば、そうした機械の登場も現実味を帯びてくる。デザインから生産・管理ま

	効能	社会活動	機能	人間の価値
道具	身体の拡張	手工業	あくまでも人間の身体の延長での生産活動	生産
機械	身体の解放・代替	機械工業	人間の身体から動力が他に転嫁された生産活動	管理
自動機械	意識の解放	知識創造	人間の創造を具現化するための生産活動	創造
インテリジェント機械	創造の代替	協働的知識創造	創造の世界に機械が入り込み、ともに創造を行う	協働

「道具〜インテリジェント機械」が人間にもたらすもの

ですべてを完結することができる完全なインテリジェント機械が現れて、人間の創造性を代替するようになったとき、人間はどこに価値の源泉を見出せばいいか戸惑うかもしれない。

これまでの延長線上に、インテリジェント機械の行く末を考えてみよう。我々の社会は、ある目的を達成するために道具や機械に頼ることで大規模で大量の生産活動を行ってきたし、管理さえも機械に委ねてきた。だとすれば、これからはインテリジェント機械によって、これまで見たこともないような大規模な創造活動が行われる可能性がある。例えば自動作曲システムは、人間が作曲するよりも早く、大量に作曲をこなすようになるだろう。もちろん作曲だけでない。インテリジェント機械はあらゆる領域で、これまでになかったスピードで大量の創造活動を行うはずだ。

人間も、インテリジェント機械の豊富な創造力を用いてたくさんの創造を行うことが可能となる。その際はインテリジェント機械による膨大な量の創造のなかから、何を選択して、どのように組み合わせて、どのように活用していくかが重要になる。我々は、人間同士はもちろんだがインテリジェント機械とも連携して、創造の整理と実践を行っていかなければならない。これこそ「協働」である。現在でも自動作曲システムから大量の楽曲が生成されているが、いくら大量につくられて、そのつひとつの楽曲が美しかったとしても、どのように展開していくかというさらに進んだ創造力は必要だろう。そう考えれば、自動作曲システムも人間の作曲支援のためのシステムと考えることができる。これはDramaticaなどに代表される脚本作成援助ソフトウエアと同じである。要するに、人間のみでつくり上げるのではなく、インテリジェント機械とともにつくり上げていくのである。インテリジェント機械と協働し、その膨大な創造の量を生かしていくことで、我々はさまざまなことを発見できるようになるだろう。

人間が機械を信頼できるかが最重要

道具は、人間の身体の機能拡張として働く。道具を使った作業の場合、人間は時間的にも空間的にも現場を離れることはできない。そのため、ミスを犯したり、作業を行ううえで何らかの困難があっても、人間はすぐにその場で状況を実感することができる。道具と人間は作業を通じて密接に結びついている。道具の使い勝手の良し悪しがそのまま作業の効率の良し悪しにつながることも感じることができる。

機械から自動機械へ、そしてインテリジェント機械へと進歩することにより、人間は作業そのものから時間的にも空間的にも徐々に離れていくことになる。例えば、水力、火力、電力などを動力とする機械になれば必ずしも人間の身体の力は必要ではなくなり、機械が稼動する現場から人間が離れても、機械自身は作業を遂行し続けることができる。ここで問題になるのは、現場から離れると、作業遂行に関するミスや何らかの困難が出てきた場合に、その場ですぐに実感できないことだ。結局のところ、人間は機械にミスや困難が起きていないかを見守らなければいけなくなる。それでは人間は生産活動から解放されなくなってしまう。

こうした自律的に動く機械に安心して処理を任せ、作業を遂行させるためには、人間と機械とのあいだに信頼性を構築することが必要不可欠だ。信頼性が構築できなければ、機械に処理を任せて作業の現場から離れることはできないからだ。機械の信頼性とは「与えられた条件で、規定された期間中、規定された機能を果たすこと」である。

機械が進歩し、自動機械やインテリジェント機械のレベルになれば、与えられる条件も無数に増えてくる。その与えられた条件に対して行うべき処理をどのように規定するのか、そこがいちばんの核になる。通常、我々は過去にうまくいった成功事例を「正しさ」として積み重ねる。過去と同じような状況に置かれた際は、そのときにうまくいった方法で作業をするのが正しいと判断することができる。同様に、過去の経験から導き出された「正しさ」を事前に規定し、人間と機械で共有する（具体的には、機械に正しい動作を行うようプログラムしたり、学習させたりする）。その「正しさ」に則して、機械は作業をする。こうした人間と機械による「正しさ」の共有と、機械が「正しさ」に則って処理を行っていることを人間が確信できることが、機械を常時監視することから人間を解放する第一の条件である。

さらに、第二の条件として必要なのは、異常時や異常になる可能性が生じたとき、機械が人間に知らせてくれることである。いくら、機械と人間が事前に「正しさ」を共有し、機械による処理を確信して信頼性で結ばれていたとしても、異常時や異常になる可能性が生じたときに機械が何も知らせてくれないのであれば、人間は本当に機械が正しく動作しているかを確認するために、機械を監視しなければならないだろう。

異常時とは「正しさ」から外れた状態だが、これには大きく外的要因と内的要因が考えられる。外的要因としては、想定外の条件下に置かれたときが挙げられる。例えば、その機械に何らかの入力が必要なときに、想定外の入力を検知し、「正しさ」に則った作業が不可能になったときだ。内的要因としては、果たすべき役割をまっとうできなかったときが挙げられる。例えば、正しくない作業をしてしまったときや、まったく作業を完了できなかったとき、あるいは故障や不良な状態によってこれ以上「正しさ」に則った作業が不可能なときである。

このように、機械にいくら自動的に高度な作業をこなす能力があったとしても、「信頼性」と「異常を知らせる術(すべ)」の二つを合わせ持っていなければ、人間は不信感を抱き、その機械が人間の暮らす環境で活躍することを阻むので、その機械は淘汰される。逆に言えば、高度な機械が活躍する社会の実現は、機械を構成する技術の発展だけでなく、機械と人間とのあいだ、つまりインタフェースをどのように設計するかにかかっているのだ。

人間は、信頼関係が十分に構築された機械に作業を任せることによって、その作業について意識しなくてもよくなる。作業について無意識でいられるのだ。その機械に異常が生じたときに知らせてくれれば、そのときだけ作業に意識を戻せばいい。実はこの無意識と意識の関係は、人間自身の行動における意識と無意識の関係と非常によく似ている。意識と無意識のバランスこそ、人間が効率的かつ安定的に行動するために必要なものである。

ここからは、人間が無意識になるとはどういうことなのか、意識を向けることでいったい何が得られるのかを探っていこう。

人間に備わる「熟慮システム」と「自動システム」

心理学や脳科学では、人間の意識的／無意識的な行動について考えるとき、意識を介在させて考えて行動する仕組みを「熟慮システム」と呼び、意識を伴わない自動的な意思決定によって行動する仕組みを「自動システム」と呼ぶことがある。両者の違いは、意識を介在させるか否かだ。熟慮システムは、意識によって現実状況のフィードバックと自身の身体状況とのリンクを試みて、その課題がうまく動作するように演繹的に解きながら進めていく。一方、自動システムはあらかじめ用意されたパターンで動作していく。このように言うとむずかしく思えるかもしれないが、わかりやすい実例で言えば、熟慮システムは初めて自転車に乗ろうと、一所懸命になっているとき使われるもので、自動システムは自転車に苦もなく乗れるようになったときに使われるものである。

後者の自動システムの恩恵は、アスリートが特に実感して、現場で活用しているものだ。アスリートにとっては、試合中に何も考えなくても最適な行動をとることができるかどうかが勝負の鍵になる。白熱した試合状況のなかで、適切な行動を、意識の媒介なしに素早く自動的に繰り出せることが、ほとんどのスポーツにおいて勝つために必須の課題である。そのために適切な行動を回路に焼きつけ、どんなときでも瞬時に繰り出せるよう訓練するのだ。アスリートは観客の叫びのような邪魔をものともせず、ロボットのような正確さを発揮しなければいけない。そのためには無意識の自動システムが重要となってくる。

熟慮システムだけでは、現実の素早い変化に対応することはできない。意識していては遅いのである。我々は練習したり、特訓をしたり、経験を重ねることによって、どういうふうにその場の状況をしのげばいいかを学ぶ。それがパターンとなり、課題が脳の回路に焼きつけられて自動化されるのだ。

熟慮システムは疲れる

さらに熟慮システムには疲れが伴う。熟慮システムはどう動けばいいかを演繹的に考えながら行動するため、どうしてもエネルギーを使い果たしてしまうのだ。その点、自動システムは最適化されたシステムであり、エネルギー効率も最適化されている。

想像してみよう。我々が新たな課題を初めてやろうとするときと、同じ課題に2度目に取り組むときとでは、身体の疲れはどう違うだろうか。おそらく最初に取り組んだときの方が疲れたはずだ。一つひとつの意思決定を意識的に行うことは、それだけ身体にも負担なのである。

無意識を前提とする自動システムは、熟慮システムよりもずっと負担が低く、素早く反応することが可能だ。新しい課題に慣れて自らの自動システムを訓練していくことで、人間は自身にかかる負荷を軽減し、意識を課題から解放して別のことに向けることが可能になる。解放された意識を、さらに新しい課題に向けることで、我々は脳内に新たな自動システムを構築することができる。この繰り返しによって人間は自身をアップグレードしていると言うこともできるだろう。

新しいことを学ぶことと自動システム

人間は場面によって熟慮システムと自動システムを使い分けているわけではない。初めて行うことは意識を用いて行い、慣れるにしたがって無意識にできるようになっていくのである。このように考えると、意識は、現実の状況と自分の身体との対話を取り持つことにより、どのように行動すればいいかという最適化を行う（自動システムを構築していく）役割を担っていることになる。つまり、熟慮システムでの動作を繰り返すことで、自動システムを訓練していくのだ。

ということは、新しい課題に取り組んで自らのなかの自動システムを訓練するには、それに対して意識を向けなければならない。それには、新しい課題以外のことが無意識にできるようになっていることが望ましい。そうでなければ新しい課題に意識を集中することができないからだ。また、自動システムで行動しているときに何らかの新しい課題が発生したら、そちらに意識を向ける必要が出てくる。それには熟慮システムで対応して、新しく自動システムを訓練し直す必要がある。

自動車の運転も、慣れないあいだは意識の介在する熟慮システムで運転しているはずだ。このとき、隣に乗せた恋人とうまく会話ができるだろうか。運転に意識が集中しているのだから、会話どころではないだろう。熟慮システムは、その目標とする行動に集中するあまり、他の課題を置き去りにする。運転に慣れる、つまり自動システムがつくられ、ある程度、自動的に意識の介在なく意思決定を行えるようになれば、恋人とのデートでも素敵な会話を楽しむことができるだろう。運転が自動システムで行われることにより、運転以外の恋人との会話という別の課題を実行することが可能となったのだ。

無意識からなる自動システムは、新たな生産活動に没頭するための機能であり、人間の進歩を支えるものだと考えていいだろう。ある課題に意識を注ぐと、その課題以外の事柄が見なくなってしまう。無意識でもその課題をこなせるようになって初めて、その他の事柄に注意を向けることが可能となる。

機械による自動化と自動システムの目的は同じ

このような意識と無意識の関係は、機械と人間の関係にも言える。ある課題に大きな度合いで意識を向けなければならない場合、人間はその課題に縛られて他のことができなくなってしまう。このとき、その課題を機械によって自動化すれば、人間はその拘束から解放され、課題以外に目を向けることができる。何かを機械に任せるということは究極の無意識化なのだ。つまり脳の自動システムを使う代わりに機械を導入することによっても、人間は新しい生産活動を学べるようになるのだ。

機械のなかでも特に、自律的に制御しながら動く自動機械やインテリジェント機械に置き換わることによる作業の自動化は、人間の内部や外の世界を含めた環境全体が、意識が介在する度合いが低い自動システムに置き換わるようなもの、と考えることができる。そう考えれば、自動化は、新たな生産活動に没頭するように人間の進歩を促すものだととらえることができるだろう。

なぜ、我々は機械による自動化を欲するのか。それは、労力を減らしたいだけではなく、新たな生産活動、端的に言えばより創造的な活動のための余暇をつくるためだ。機械による自動化で、考えること、創造することに価値がシフトし、そのスピードが加速していくことにより、貴重な余暇をもたらしてくれる機械による自動化はいっそう重要度を増すということである。自動化した社会では、多種多様に生み出される大量の思考や創造を理解し、まとめ、社会にどのように調整、実装していくかによって、新たな価値が生み出されるからでもある。

では、人間はどこまで機械による自動化に頼ればいいのか、そこにはどんな問題が存在するのか。いま着目されている自動車の自動運転、そして航空機の自動操縦の動向を見ながら、論じていくことにしよう。

6. 我々はどこまで機械の自動化に頼るべきか

自動化とは人間が介在する操作をできるだけ少なくすることであり、それは機械を信頼して任せることにつながっている。その究極の目的は、創造のための余暇をつくり、社会がより多様な思考や創造を生み出せるようにするためだ、ということは前章で述べた。しかしやみくもに自動化して機械に任せても、必ずしもいい結果につながるとは限らないし、機械だけが労働して人間は何もせずに過ごすという世界が必ずしも真の幸せとも言えないだろう。我々は、どこまで機械に任せればもっとも快適かつ安全で、人間として有為な生活が得られるのかを考えていかなければならない。そこで本章では、人間と機械の適切な役割分担をどのように実現すればいいかについて考えてみよう。そのためにまず、機械に任せる、つまり無意識になるとは何を意味するのかについて改めて詳細に検討し、そのうえで人間と機械の適切な役割分担に必要な前提条件を導き出していくことにする。

人間が機械に対して無意識でいられる機械化

意識が介在するのは、新たな課題を前にして、自分の身体と環境の状態を注意深く観測しながら、よりよい解決法を模索しようとするときである。その課題に対するよりよい解決法を見つけ、いったん脳のなかに回路が焼きつけられれば、無意識な自動システムという確実で素早く、エネルギー効率もよいシステムに置き換わっていく。この繰り返しで人は進歩していく。

機械も、人間が無意識に使える、任せられるということが重要となる。我々人間は、無意識でいられる領域を増やし、その領域を新たな課題に専念するのに使うために機械を使うのである。人間が自身のなかに課題を解決するための自動システムを構築するのと同じように、機械によって解決スピードを速くし、かつ消費エネルギーを最小に抑えるのだ。

これが、人間が機械を使う意味であり、目的である。機械の役割と言うとき、人間の身体が持ち得ない機能を発揮することで、これまでできなかった課題をこなすという点に注目が集まりがちだ。しかしそれ以外にも、人間は、ありきたりな課題については楽をしたい、無意識でいたいという理由から機械をつくる。そして機械に課題を任せることで空いた時間に他のことを考えるのだ。このように、人間は機械を使うことによって、自動化し、余暇をつくり出し、それを新たな別の生産活動にふりむけることで進歩を遂げてきた。

自動化には、自動化を実現する技術の信頼性はもちろんのこと、人間の特性を考えた環境全体の設計も重要だ。ある作業に関し、機械を100％信頼できるのであれば人はそれをすべて機械に任せればいいので、意識する必要はない。逆に信頼できない機能を実装した場合は、作業が完全に正しくやり遂げられているのか、副次的な事故は起きていないかなどと考えて、気が気ではなくなるだろう。そのような機械化ではあまり意味がない。それでは余暇が増えないからだ。

さて、「機械によって作業を無意識にする」というとき、そこには大きく分けて二つの意味が含まれる。「作業にかかる処理の無意識化」と「インタフェースの無意識化」だ。

作業にかかる処理の無意識化

人が作業に直接従事する場合を考えてみよう。人がその作業を完結させるためには、作業内容を細かに知る必要がある。直接的な作業内容だけでなく、その作業によって生じる副次的なメリット、デメリットも考えなければならない。このとき人は、作業に関して全方位的に意識が向いている状況にある。

ここに機械が登場することで、人間は徐々に作業を機械に任せるようになる。最初は、作業を機械に行わせつつ、一つひとつの作業内容を逐次確認することになるだろう。作業をどのようにこなしたかという詳細な内容は知らなくてもいいかもしれないが、決められた動作をしているかどうかは逐次チェックしなければならない。そのうち、機械との信頼関係が深まれば、何度もチェックする必要はなくなり、異常が起きたときだけ機械から通知が来ればよしとするようになる。

このように機械に頼る度合いが深まっていく過程は、成長する子どもに鉄棒の逆上がりを教えるときの気分と似ている。逆上がりを初めてやる子どもには、つきっきりで教えなければならない。そのときは逆上がりのやり方から注意事項まですべてを把握したうえで、子どもをチェックしていなければならない。少しずつ子どもがコツをつかむようになれば、子どもが怪我をしないように気を配るだけでよくなる。子どもが鉄棒に慣れて逆上がりができるようになったら、泣いたりしていない限り気にしなくてもよくなる。泣くというのは異常時である。そうした異常時だけ知らせてくれればそれでいいのだ。このように子どもに世話を焼かなくてもよくなるのと同じような過程を、機械との関係もたどることになる。

機械に対する無意識化がさらに進むと、いつ動作して処理をしているかに関しても無意識化する。機械と人とが信頼関係を構築し、かなりの部分を機械に頼ったとしよう。人が機械に対して特に明示的にその作業をこなすように指示しなくても、機械はタイミングのいいときに動作し、処理をこなしてくれるだろう。人間から見れば、やることさえやってくれれば休止する時間があっても構わない、という段階だ。つまり、いつ、どこで、どのように作業をこなすかという作業タイミングについても無意識化できるのだ。

高度な信頼関係で結ばれた機械と人であれば、機械に任せた作業が必要なときに終了してさえいれば、事前に作業をしていようが、リアルタイムに高速に処理をしようが関係ない。結果が伴っていればそれでいいのだから。一般には、何らかのインタフェースを介して人が機械に指示を出すところから動作が始まると考えがちだが、別にそのタイミングでなくても構わない。もっと進歩した機械なら、そんな明示的な指示がなくても都合のいいタイミングで作業をこなしてくれるだろう。ここまでくれば人間は機械に頼りきりでいいし、作業がいつ、どこで、どのように行われるかという条件を気にする必要もなくなる。無意識化は、よりいっそう深まるわけだ。

すなわち、ここで言う「作業にかかる処理の無意識化」というのは、次のようなことを意識しないいという意味になる。

・いつ処理をしたか
・どこで処理をしたか
・どのように処理をしたか
・なぜ処理をしたか
・誰のために処理をしたか

検索エンジンを考えてみよう。ひと昔前の検索エンジンはキーワードを入力したあと、検索ボタンをクリックすることで処理が始まり、検索結果が表示された。しかし、最近の検索エンジンは、キーワードを入力しているそばから検索結果が出力される。その検索結果はリアルタイムで処理されているかもしれないし、事前に処理されたものを出力しているだけかもしれない。いつ処理をしたのかは、わからないのだ。検索エンジンのサーバは1つではなく世界各地に分散されているが、ユーザーにはどのサーバで処理をしたのかわからない。さらに、我々は検索エンジンがどのようなアルゴリズムで動いているかということについても知り得ない。どのように処理された結果、出力されているかもわからない。表示されている検索結果は明らかに自分のためのもののように思えるが、それは事前に処理されていたものかもしれない。もし事前に処理されているなら、自分がそのキーワードで検索すると誰が予測したのだろうか。つまり、誰のために処理がしてあったのか、なぜ事前にそのような処理をしたのかということまで、簡単に言及することはできないのだ。検索エンジンはウェブ上から適切な情報を見つけ出すという目的は果たしているが、処理については無意識化されているのである。

インタフェースの無意識化

人間と機械のインタフェースとは、「人間が機械を操作する手段や手順、およびその操作を機械が受ける手段（入力）であり、機械が意図したものを人間に対して表現する手段（出力）である」としよう。

人間と機械のインタフェースは、作業を無意識化することを考えると、通常はなるべく接触の頻度が少なく、簡素な方がいい。せっかく機械のおかげで自動化できたとしても、正常に動作している状況を逐次伝えてくるような実況中継的なコミュニケーションは不要だからだ。そのようなインタフェースは設計されるべきではない。そういう意味では、インタフェースは通常は目立ってはならないし、機械とのコミュニケーションは人間の自然な行動を阻害することなく実現されるべきである。

ただし、インタフェースが目立たなくていいのは正常時のみである。機械に作業を任せる第2の条件として先に触れたように、異常時には機械が人間にそのことを実感させるようなものでなければいけない。いつ、どこで、なぜ、どういう状況で、どんな異常を起こしたのかを、人間が直感的にわかりやすく把握できる必要がある。なぜなら異常時は、機械から人間に作業をバトンタッチするタイミングでもあるからだ。それまでは作業について無意識だった人間の意識を向けさせる必要がある。人間はその状況を瞬時に把握して、次に必要な作業を行うなり、復旧するなり、作業を停止するなりの決断を下さなければならない。異常を知らせるというと、アラート（警告メッセージ）を出すことを想像するかもしれない。アラートはもちろん重要である。ただ、異常が起こったというだけのアラートでは不十分だ。人間が、その異常が何であるか、そして、どこで、何を原因として発生しているかなどを理解し、対応することが目的だからである。

機械が異常状態を知らせるのに不十分なインタフェースしか持っていなかった場合、人は異常を知らないまま、機械は粛々と作業を続ける。もはや正しくない動作を行い続けるわけだ。いつか人は気づくことになるが、そのときには大きな事故が起きたり、膨大な損害を被ったりすることとなる。このような事態のときに起こる議論が、機械悪者論である。作業を機械に任せていたから事故が起きたのだ、被害が広がったのだと論じる者が出てくる。しかし、機械の動作が悪いわけではない。異常を知らせるのに十分なインタフェースを実装していなかったことが悪いのだ。もしも十分なインタフェースがあって人に異常を瞬時に把握させていれば、被害は最小限に抑えることができたはずだ。

異常時にきちんとコミュニケーションがとれる機能は、どれだけ機械が賢くなっても、人と機械が共存していくうえで欠かすことのできない重要な要素である。このようにインタフェースは、通常はなるべく人を無意識にさせ、異常時だけ意識させる存在でなければならない。

機械と人間の高度なコミュニケーションを可能にするインタフェースが実現すれば、機械に対する人間の信頼もさらに大きくなっていくだろう。人間が無意識でいるあいだに機械が自動的に処理してくれる領域は、ますます広がっていくに違いない。

とはいうものの、どこかの局面ではやはり、人間がやるべきか、機械がやるべきかを人間自身が選択しなければならないだろう。我々は優秀になった機械を、どういうシーンで、どのように使うのか、うまく設計する必要がある。

自動車の自動運転をめぐる議論

人間と機械の役割分担という議論のなかで現在もっとも熱い視線が注がれているのは、技術先行で自動化が進んできた感のある自動車の自動運転の分野である。

自動車メーカーだけでなく、グーグルのようなIT系企業も続々と自動運転自動車の研究開発に参入している。グーグルは２００９年から、スタンフォード大学のセバスチアン・スラン教授と共同で自動運転の研究開発に着手した。公道でのテスト走行も実施しており、本書執筆時点で14件の事故が起きたと発表している。累積約２９０万キロメートルにおよぶテスト走行の結果だが、この事故数をどう見るか。グーグルはアメリカ国内の94％の自動車事故は人的ミスとし、だからこそ自動運転技術を開発するとしている。果たして機械に任せた方が事故は少なくなるのだろうか。

２０１６年2月25日、大阪・梅田の国道１７６号交差点で歩道に乗り上げた自動車が暴走、運転手と歩行者の２人が死亡し、１人が重体、８人が重軽傷を負う事故が発生した。運転していた男性の死因は大動脈破裂による急死であった。事故直前に突発的に発症し、意識不明の状態で誤操作したことが事故につながったと報道されている。このように運転手が急病に見舞われた場合でも、自動車に搭載されたシステムが運転手の様子を察知し、自動運転モードに切り替えて安全に路肩に寄せ、誤作動を防ぐ機能が備わっていたとしたら、事故にはならなかったかもしれない。実際、トヨタでは２０２０年をめどにそうした機能を搭載する自動車の実用化を目指している。

一方で、自動運転によって新たに起こりうる問題点も指摘され始めている。例えば、前方の道路がいきなり陥没し、自動運転自動車がブレーキをかけても間に合わず、かつそのまま直進すれば乗員は死んでしまうような状況に直面したとしよう。方向転換をすれば乗員は助かるが、方向転換をした先にいる人を轢いてしまうという場合は、どうするのか（このような問題は「トロッコ問題」と呼ばれる）。この場合、どのような決断をしようとも何らかの悲劇が待っている。もっとも単純な判断基準は、被害者数を最小限に抑えることかもしれない。だが、そのなかに要人が含まれていたらどうだろうか。しかし要人とは大統領なのか、王族なのか。資産家やスーパースターのことなのか。あるいは、そこに子どもが含まれていたらどうか。妊婦が含まれていたらどうか。そう考えると、この判断には一種の差別が入り込む危険性もある。こうしたすべての可能性やリスクを一瞬で計算できる自動運転システムにすべてを任せればいいのか。いまのところ、そこまで完璧な人工知能システムが実現する可能性は未知数だが、少なくとも人間よりは平等で幅広い想定を検討したうえで判断を下すことはできるかもしれない。

こうした人の生死に関わるような非常に難しい判断ではなくても、人間と機械とのミスマッチが起こる場合はありえる。例えば、スマートフォンを操作するときに起こる、いきなりフリーズして動作しなくなったり、いつもと同じようにタップしたはずなのに違う動作をしたりするのもその一つだ。自動運転自動車でも、そういうことが起こらないとは限らない。人間の意図と機械の把握が合致しなかったり、人が予期しない作業を機械が実行して運転者を驚かせたりすることもあるかもしれない。

自動運転自動車の実用化は、自動運転を導入することで生じる光と影の部分を同時に議論しながら、段階的に進めていかなければならない。

自動車の自動運転技術のレベル分け

自動車の自動運転技術はひと括りにされることも多いが、どのくらい自動化されているかという区分けは重要である。米国運輸省の国家道路交通安全局（ＮＨＴＳＡ）は、自動化のレベルに基づいて、自律走行車を5段階に分けて定義している。

レベル０（No-Automation）は、常時、ドライバーが運転の制御（操舵、制動、加速）を行う車で、自動化されていないものである。

レベル１（Function-specific Automation）は、特定の自動操縦機能を１つ以上持つ自動車で、

レベル4 (Full Self-Driving Automation)	ドライバーがまったく関与しない	2020年代後半 実現
レベル3 (Limited Self-Driving Automation)	加速・操舵・制動すべてを自動車が実施 緊急時のみドライバーが対応	2020年代前半 実現
レベル2 (Combined Function Automation)	加速・操舵・制動のうち複数を同時に自動車が行う	一部車種で 実用化
レベル1 (Function-specific Automation)	安全運転支援	実用化 されている
レベル0 (No-Automation)	運転支援なし	

米国運輸省による自立走行車開発に関する政策指針

自動化された機能はそれぞれ独立して作動するものを指す。運転手が全体を制御するものの、一部の機能を自動操縦に任せることができる。これはすでに実用化されている自動ブレーキなどの高度運転支援システム(ADAS)のことだ。

レベル2(Combined Function Automation)は2つ以上の自動操縦機能を持つ自動車で、自動化された機能が同時に相互で調整をとりながら作動し、これら特定の機能コントロールの範囲で運転手を解放するものを指す。レベル1とレベル2の違いは、自動化された機能が独立で作動するか、相互に依存しあって作動するかである。レベル2では高速道路走行や渋滞時など一定の条件下で自動運転を行う。このレベルではまだドライバーの常時監視は必須であり、いつでも手動運転に切り替えられる状態にある。日本の自動車メーカー各社が目下、実用化を目指しているのがレベル2だ。

レベル３（Limited Self-Driving Automation）は、ある特定の条件下ですべての操縦を任せることができるものを指している。レベル２との最大の違いは、緊急時のみドライバーが対応するという点だ。レベル３では、通常走行時のドライバーは読書をしたり、映画を観たりしてもよくなる。これに完全に対応するものではないが、現代の飛行機の自動操縦はこのレベル３に該当すると言ってもいいだろう。レベル３は欧州の自動車メーカーの多くが２０２０年代前半に実現を目指している。

レベル４（Full Self-Driving Automation）は、どんな条件下でもすべての操縦を任せることができるものを指す。グーグルが研究開発中の自動運転自動車はハンドルやペダルが存在しない。つまり、グーグルはレベル４の自動運転を目指していることになる。

レベル２とレベル３のあいだにある大きな壁

さて、ここで注目したいのは、特定の条件下であればすべての操縦を任せることができるレベル３で人間が担う役割についてだ。人間による常時監視が必須のレベル２とレベル３のあいだには非常に高い壁が存在する。

レベル３で緊急事態に遭遇した場合、機械と人間がどんなタイミングでどのような操作を交代し、対応していくのか、その判断基準は非常に曖昧で流動的だ。ある状況下で緊急と判断されたとき、運転を人間に交代することで事故を防ぐことが本当に可能なのか。例えばドライバーが映画を見ていたとする。衝突の数秒前になって、自動運転システムから運転交代を要請される。このときドライバーが、残り数秒でハンドルを切るという一連の動作をパニックに陥らずに行うことができるかと言えば、それはおそらく不可能だろう。

自動操縦機能がついた飛行機の操縦士の場合、教育や訓練を通じて、その機械の仕組みや能力、限界を徹底的に学び、緊急時の対処をしっかり準備している。しかし自動車の場合は、現状ではそのような学習や訓練を全員に受けてもらうことは期待できない。今後、レベル３の自動車のドライバーになる人間は、自分の運転能力を高めることよりも、自動運転自動車の仕組みや能力、限界を学び、緊急時の対応を冷静に行うことができるような訓練を積むことが重要になっていくだろう。機械が賢くなればなるほど、人間は機械の意図や機能の限界を知る必要性が高まる。レベル３の実用化には、技術の成熟だけでなく、人間の機械への順応が大きな課題となる。

レベル4で起きうる大きな責任問題

一方、レベル４のドライバーはまったく運転に関与せず、機械に任せることになる。このような状態で事故が起こった場合、誰が責任をとるかが問題だ。例えばグーグルで研究開発が進められている自動運転自動車の場合、ハンドルやペダルは存在しない。このように人間が運転にまったく関与できない状況下で何らかの事故が起こった場合の責任の所在を明確にしておく必要がある。つまり、レベル4の実用化には、技術の成熟だけでなく、法律や慣習の変化、変更が大きな課題となる。

自動化を進展させるには、機械と人間の関わりにおいて、人間が新たなスキルや考え方を身につけ、さらには制度さえも変更することが必須となるだろう。これは技術の発展そのものよりも大きな問題かもしれない。自動運転車はまだ実社会に実装されていないため、すべての問題点が表出しきれていない状況にある。必要となるスキルや制度やルールが何であるか、明確になっていない部分があるのだ。

飛行機の自動操縦への歴史

自動車の自動運転にまつわる議論と同様の技術が、先駆けて社会実装されてきた分野が航空分野だ。実は、飛行機はかなりの部分の操縦がすでに自動化されている。航空分野では自動化がどのような思想のもとで設計されてきたのか、飛行操縦の自動化によって浮かび上がった光と影を見直すことは、自動車の自動運転を考えるうえでも参考になるだろう。

もちろん飛行機と自動車とでは、操縦者の専門性、環境や基本条件が異なるため、すべてを同じようにとらえることはできない。それでも長年、研究・実用化されてきた考え方を応用することはできるはずだ。

飛行機の始まりは、ご存知の通り、ライト兄弟による初飛行の1903年である。当時の飛行機はスキルが高くないと操縦できず、少しの操作ミスでも命取りになる繊細な乗り物であった。それからわずか9年後の1912年、人類は初めて自動操縦飛行に成功している。とはいえ、当時の自動操縦は、機体の姿勢を自動的に戻す機体姿勢の安定保持機能のみであった。その後、飛行機自体の安定性・操縦性が増したため、しばらく自動操縦への関心は失われていたが、1930年代に入って長距離・長時間飛行が可能となり、操縦士の負担軽減という観点から再び自動操縦技術が進化した。この頃に、機体姿勢の安定保持だけでなく、方位・高度の保持、旋回、ナビゲーションなどを行う現在の自動操縦の基礎が確立されている。第2次世界大戦後、ジェット機の出現により、さらに自動操縦技術が発展した。それまでの姿勢・方位・高度保持だけでなく、空港との位置関係を把握しながら行う動的な自動操縦が可能となった。そして1960年代に、飛行機に関するすべての自動システムの機能が飛躍的な進歩を見せた。このときの技術が現在の飛行機の自動操縦の基本となっている。

飛行機の自動操縦はなぜ必要か

現在の飛行機における自動操縦の主な役割は3つある。

・突風などの機外からの影響に対して機体を調整し、安定させる

・あらかじめ設定した方向に機体を飛行させる
・機体を上昇、下降、旋回させる

これを見ると、飛行操縦のほとんどの動作が自動化されていることがわかる。その理由は、操縦士の負担を軽くすることで、より高い安全性を実現するためである。難度の高い操縦を長時間続ける負担から操縦士を解放することは、航空機が大型化、高速化し、航続距離も延びた航空業界にとって急務であった。操縦士の負担が大きければ、そこに人間の過誤や失敗（ヒューマンエラー）が入り込む余地も増える。できるだけ人間の介在を少なくすれば、ヒューマンエラーを起こす確率は低くなり、安全性が増すはずである。

「人間の負担が減る」とは、言い換えれば「人間の意識の介在が減る」ということだ。機械が高い信頼性で行うことができる操作は、なるべく機械に任せることにより、従来その操作のために使われていた意識を他のところに向けることができる。最終的には人間が操縦に対して無意識になれることが到達点である。これにより、操縦士は他のこと（目的地の天候や進行方向の空域の情報をチェックしたり、乗客や乗員に異常がないかに気を配ったりすること）に意識を向けることができる。

実際、自動化によって安全性が増したことを示す数字がある。１９５０年代には、飛行機は離陸１００万回あたり40回以上の全損事故を起こしていた。この数字は、自動化が導入され始めた1960年代以降、急速に減少する。現在では離陸100万回あたり1回未満である。自動化が安全性に寄与していることがうかがえるだろう。

自動化が進むほどインタフェースの問題が深刻に

このように、人間の介在を減らすことで安全性は増したが、機械で対応できない事態には最終的に人間が対応せざるをえない。機械もまったく故障しないわけではないし、機械が想定していない状況に直面した場合には人間が対処するしかないからだ。技術的な自動化が進めば進むほど、自動化でカバーできない部分を人間が補わなければならなくなったり、自動化したことでかえって人手が必要になるといったジレンマは、「自動化の皮肉」と呼ばれる。

しかも厄介なのは、自動操縦がそのような異常事態に直面した場合に求められる人間の対応は、手動で人間が操縦しているときに異常事態に直面した場合の対応とはまったく異なることだ。より高度で複雑な自動化が実現しているために、人間が機械の意図を読み取れないケースが生じるのである。異常事態が起こるまで機械が何を行っていたのか、その次に何をしようとしていたのか、なぜ異常な状態に陥ったのかという情報を人間が把握しようとしても、飛行機の自動システムが複雑すぎてわかりづらいのである。機械はあくまでも指示された通りに動いているつもりである。このように、極度の自動化はときに人間を混乱に陥れることがある。

もちろん現状の飛行機は、このような事態をできるだけ回避するように設計されている。それでもシステムと人間のあいだで齟齬は起きる。残念ながら、こうした問題から事故に発展してしまったケースもある。2つの事例を見てみよう。

1994年名古屋空港　中華航空機事故

1994年4月26日午後8時16分、中華航空のエアバスA300―600R機が名古屋空港の滑走路近くに墜落、炎上し、264名もの死者が出た。この事故の原因は、自動操縦と操縦士との操作の対立にあった。操縦士が着陸するための機首下げ操作を行ったにもかかわらず、その操作を打ち消すように自動操縦が働き、最終的には機首上げ状態になって失速、後方から落下した。

最初は、手動操縦で名古屋空港への着陸進入が順調に行われていた。だが、高度300メートルあたりで副操縦士が誤って自動操縦モードの一つである「着陸やり直しモード」を起動してしまう。通常は、これだけでは深刻な事態になることはない。「着陸やり直しモード」を解除して「着陸モード」に変更すればいいのだ。そこで機長と副操縦士は着陸モードへ変更しようとしたが、うまくいかなかった。理由は、エアバスの設計思想によるインタフェースにある。この飛行機は、いったん特定のモードになったあとでモード変換するためには、複数のスイッチを正しい手順で押さなければならないように設計されていた。

結局、機長、副操縦士とも自動操縦モードを変更できないまま、無理な手動操縦で着陸を試みた。自動操縦により重くなっている操縦桿を無理やり押して着陸のために降下しようとしたが、「着陸やり直しモード」状態の自動システムは再上昇しようとしたため、機体は姿勢の安定が損なわれた不安定状態に陥った。さらに、着陸を諦めた機長が不安定な状態のなかで再上昇を試みたところ、機首が大きく上を向きすぎて機体はほとんど棒立ち状況になり、失速、墜落してしまった。

この機体の設計思想は「人間よりも自動操縦モードの方が信頼できる」という発想だったため、自動操縦モードから手動操縦へは簡単に戻らないようなインタフェースになっていた。もし簡単に手動操縦に戻っていれば、このような大事故にはならなかったかもしれない。

1996年福岡空港　ガルーダ・インドネシア航空機事故

1996年6月13日午後0時8分、ガルーダ・インドネシア航空のDC-10-30機が福岡空港でオーバーランして滑走路端の緑地に擱座し、炎上した。3人の死者を含む109名もの負傷者を出したこの事故の原因は、人間の判断ミスによって自動操縦を解除したことにある。

この機体は離陸決定速度（これを超えると、離陸を中止して停止できなくなる速度）に到達後、第3エンジンが故障した。規則では離陸決定速度に到達したときには離陸を続行しなければならないが、機長は離陸を中断した。まさに離陸しようとしているときにエンジンが停止したら、操縦士が上昇をやめたい誘惑に駆られるのも心情的には理解できる。しかし、それでも、離陸決定速度到達後は離陸を続行しなければならない。たとえエンジンが発火してもだ。発火したエンジンの消火は安全高度に達してから行うことになる。この飛行機が自動操縦モードでそのまま離陸していれば、このような事故は起こらなかっただろう。

この種の恐怖に駆られることによるミスは、訓練をどれだけ積んでもなくなることはない。人間が関わっている限り、起こりうる。離陸中のエンジントラブルは、不安をかき立てて、人間の判断を誤らせる。機械であればそのようなミスは起こさないはずだ。この事故は自動操縦モードを簡単に解除できたことが大きな要因だろう。

人間が優先か機械が優先か

2つの事例を見ればわかるように、航空機の設計思想には2つの考え方がある。一つは「飛行の最後の砦は人間である」という考え方で、最終決定者が人間であるように設計されている。この設計思想に基づく航空機では、操縦士が操縦桿を強く引けば自動操縦が解除される。ただし、それゆえガルーダ・インドネシア航空機事故のように、人間の誤った判断を受け入れたために事故につながることがある。

もう一つの設計思想は「飛行はオートパイロットに任せよ」というもので、最終決定者が機械、コンピュータであるように設計されている。航空機事故の原因の7割を占めると言われる人的ミスを徹底的に排除しようとしているのだ。操縦士が自動操縦から手動操縦に切り替えるときは、複数のスイッチを正しい手順で押さなければならないように設計されている。つまり、簡単に人間が入り込めないようなつくりになっているのだ。ただし、それがかえって仇となることもある。中華航空機の事故は、自動操縦モードから手動操縦に素早く切り替えられなかったことが原因で起きてしまった。

設計思想が異なってもインタフェースは重要

最後の砦は人間なのか、機械優先が妥当なのか。2つの事故例を知ってしまうと、明確に定めることは難しいだろう。どちらの設計思想を選ぶとしても、いちばん重要なのは、機械と人間がうまくコミュニケーションをとれるようにしておくことだ。どちらのケースも、操縦士が機体の状況を正しく認識し、正しい判断を下して操縦を行っていれば事故は防げたはずだ。人間が正しく認識するためには、状況をわかりやすく把握するための操作が可能なインタフェースが重要になる。しかし、単純な機械であればインタフェースを単純に設計することも可能だが、飛行機のようにさまざまな機器の組み合わせでできている機械のインタフェースは複雑になりがちである。

スマートフォンを使っていても、突然よくわからない動作が始まって何をしているのかわからないときがあるのと同様に、飛行機でも何が起こっているのかわからない状況に陥る場合がありうる。機械が複雑になればなるほど、どういう根拠でその動作が行われているのか、どんどんわかりづらくなる。

人間が自動化された機械のなかでどのように振る舞うかという問題は、非常に曖昧で流動的なものを含んでいるが、この問題で重要なのはインタフェースだという点は間違いないだろう。中華航空機事故においても、機長や操縦士が自動操縦の解除ができないことを、機械とうまくコミュニケーションをとることで意識できていれば、対応は変わっていたかもしれない。ガルーダ・インドネシア航空機事故でも、自動操縦を解除すべきではないことを何らかの形で強く認識させることができていれば、対応が変わっていたかもしれない。機械に最終判断を託してもいいが、機械が何をしているかわからない状況だけは、我々は回避しなければならない。機械に託すことが多ければ多いほど、インタフェースの単純さと人間と機械の明確なコミュニケーションが必要になる。これによってその時々に応じた適切な役割を互いに分担することが可能になるからだ。

7. 人間のプライド・自由と人工知能

人間と機械の役割分担について、一つひとつの作業をどちらが担うべきか仕分けるとしよう。この場合、仕分けの「ものさし」は、どのようなものであるべきか。理想としては、人間が苦手な部分を機械に任せるのがいいだろう。しかし現実には、技術の進展に任せただけの自動化であったり、コスト面を考慮した自動化であったり、あるいは自動化そのものが目的化されてしまっているケースが多い。機械による自動化は、必ずしも人間を幸せにするとは限らない。機械によって何を自動化し、人間は何をすれば幸せになるかを考えて設計することが重要だ。では、人間の幸せとはどのような状況から生まれてくるものなのだろうか。

自動化した機械が、根拠を持って人間のエラーを指摘するようなケースも出てくるだろう。我々はそれを素直に受け入れられるだろうか。人間にはプライドがあり、生き方がある。それを傷つけてしまうと、いくら優秀な人工知能でも、人間と信頼関係を結び続けることは不可能になる。ここで重要なのは、機械によってどのような自動化がなされ、どんなふうに機械が我々と接してくれれば心地よく過ごせるかだ。人間としての尊厳が保たれ、しかも人間特有の弱みや時間・空間・身体的な限界から自由になれることが自動化の恩恵であり、人間の幸せだとするならば、機械と人間の役割分担や機械から人間へのインタフェースのあり方について、もう一段階、掘り下げて考えてみる必要があるだろう。

人間と機械の役割分担

ここからは人間と機械の役割分担について、具体的な仕分けの方法を考えてみよう。

まず、機械でできるところはすべて自動化する、という考え方がある。人間が介するところにヒューマンエラーが発生するのだから、できる限り自動化すればヒューマンエラーを最小化できる、という観点から見れば、非常に優れた方法と言えるだろう。その場合、自動化できないところは人間が担当することになる。しかし、自動化できない作業が、必ずしも人間にとって得意な作業だとは限らない。こうした技術偏重気味に自動化を推し進めることは、必ずしも人間の負担を軽くすることにはならない。ときには、直接自分が作業するよりも機械が自動的に行った作業をチェックする方が、負荷が重くなる場合もある。

次に、全体のシステムの構築や運用のコストが最小になるように人間と機械の役割分担をする、という考え方を見てみよう。この方法は、コストが抑えられるという点では自動化の恩恵を受けていることになる。しかし、ここには、作業の内容によって人間と機械には向き不向きがあることが考慮されていない。例えば、機械で自動化するとコストがかかるという理由から、単調で長時間、同じ姿勢で行わなければならない作業を人間に割り振るとする。その作業についた人間は大きな負担を感じるだろうし、長時間の作業からヒューマンエラーが起こる可能性も高まるだろう。少しコストがかかるとしても、単調で長時間におよぶ作業は機械化した方が安全性が高まり、人間の負担も軽くなるはずである。

■人間と機械の得意分野──MABA-MABAリスト

以上のことを考えると、人間と機械がそれぞれ得意な分野を担当するのが、いい落としどころになりそうである。人間と機械の優れている点についてまとめたものに、ポール・フィッツが作成したフィッツリストがある。このリストは「人は○○を得意とし、機械は△△を得意とする（Men are better at..., machines are better at ....）」ことを表したもので、その頭文字をとってMABA-MABAリストと呼ばれることもある。

ここに掲載した表は1951年に最初に示されたものを引用しているが、コンピュータの能力が発展した現在でも通用するリストだ。これらのリストに則って役割を分担すれば、お互いに得意な作業が割り当てられるので、一見よさそうに思える。しかしながら、技術とコストの観点からは必ずしも最善の分担にはならない。例えば、決まりきった単調な行為を反復的に長時間行う作業があった場合、通常なら機械が担当すべきだと判断するが、

人間の方が機械より優れていること	機械の方が人間より優れていること
・微量の視覚や音のエネルギーを感じとる能力 ・光や音からパターンを知覚する能力 ・柔軟に、手順を即興で組み立てて使う能力 ・長期間にわたって記憶している膨大な情報のなかから、必要な時に関連した情報を想起する能力 ・帰納的に推論する能力 ・判断を行う能力	・制御信号に迅速に反応し、大きい力をなめらかに、かつ正確に適用する能力 ・規定のタスクを反復的に行う能力 ・情報をしばらく蓄えて、情報を完全に削除する能力 ・演繹的に推論する能力 ・多くの異なることを同時にこなすような複雑な操作を実行する能力

フィッツリスト(1951年版)より抜粋

それが技術上、困難なことも考えられる。その場合には、限られたプロセスを自動化するだけでも有益なことがある。人間が苦手とすることの一つは、同じことをずっとやり続けることである。人間は飽きるのだ。逆に、どんな作業においても一時的に担当するときは能力を発揮するケースが多い。

例えば、ある状況下では機械による自動化が可能で、機械が得意な作業でもあるため自動化する。また、ある状況下では機械による自動化が難しいので、そこは人間が行う。あるいは基本的に自動化が不可能な作業であっても、ある一定の状況に限れば自動化が可能な場合もある。このように柔軟な分担方法をとることで、機械は、人間が苦手とする長時間の反復的な作業を分断する役割も担ってくれる。

自動化をどのように実現するか、人間と機械の役割分担をどう仕分けるかという問題は、技術の発展だけでなく、人間と機械の特性、作業が置かれた状況などを考慮して柔軟に考えるべきだろう。必ずしもコストや効率だけの観点から決められるたぐいのものではない。

我々は、人間と機械の役割分担という視点も踏まえて「自動化はどうあるべきか」を考える時期に来ている。決して技術偏重的な役割分担ではなく、状況に応じて人間と機械がそれぞれ得意な作業を分担していくべきだという考え方を社会全体で共有していくことが必要である。我々はいま、技術の進展だけでなく、その技術をどのように社会にとり入れていくかが問われているのだ。

機械からアドバイスをもらうことと人間のプライド

今後、機械が高度に発展すれば、機械が人間を含めたシステムを観察して、システムが適切に稼動しているかどうかを自ら判定することが可能になるだろう。そこには、人間側の原因で発生する異常――人間がエラーを生じさせていたり、もしくは効率的に働いていないという問題――を機械が検出するようになるかもしれない、という意味も含まれている。実際、一部のスポーツでは、自分のチームや相手の動き、ボールの動きに関するデータを入力データとして受け取り、そこからどのようなフォーメーションを組むべきか、どのように動くべきかを出力するアルゴリズムも存在する。人間の動きを機械が観察し分析して、人間がどのように動けばいいかを提示してくれるのだ。

このような機械からのアドバイスは、人間のミスやエラーを最小限に抑え、最適な動きを可能にしてくれるものとして歓迎される面もあるだろう。しかし、人によっては「機械の言うことは正しいかもしれないが、自分は自分の動きをしたい」と思うかもしれない。それも人間として当然の気持ちである。

単純に見れば、これを機械と人間の対立という構図でとらえることができるかもしれない。機械は人間のエラーやミスという異常に気づくが、機械が人間に対して行動を正すように命令するのは人間の尊厳を傷つけるからだ。かといって、機械が人間に何も知らせないのは、異常を告知するインタフェースが欠落していることになる。

気づきを選択肢として与えるインタフェース「ナッジ」

このような対立を緩和するために、機械が人間に対して「こうした方がいいけど、しなければこうなるよ」というような「気づき」を選択肢として与える方法が考えられる。このように気づきを選択肢として与える戦略をナッジ（Nudge）と呼ぶ。これは行動経済学の研究者であるリチャード・セイラーらによって提唱されたものである。ナッジとは次のような観点から気づきを与えることである。

・iNcentives ——インセンティブ（選択者に動機を与える）

・Understand mappings ――マッピング（選択とその結果との対応を示す）
・Defaults ――デフォルト（選択者が選択しなかったときの結果を示す）
・Give feedback ――フィードバック（選択の結果を選択者に知らせる）
・Expect error ――エラー（選択者の選択のし損ないに備える）
・Structure complex choices ――体系化（複雑な選択を体系化する）

つまり、人間に気づきを与える際には必ず選択肢も与えて、それを採用したときと採用しないときの、それぞれの場合における結果を想起させるのだ。

機械がナッジを身につければ、人間が引き起こすエラーやミスという異常を最小限に抑えながら、人間はいままでと変わらない自然な生活を送ることができるようになる。人為的に起こった異常を上手に人間に伝え、認識させ、行動させるのだ。そう考えれば、ナッジも、人間と機械がコミュニケーションするためのインタフェースの一つのあり方だと言えるだろう。人間は、必ずしも合理的には動かず、ときにはエラーやミスと思われる行動を意図的に行う場合もある。合理性や効率性を突き詰めるだけでは、人間性は失われていってしまう。ナッジはそうした人間固有の行動特性を考慮した、機械と人間とのインタフェースのあり方である。インタフェースをつくるというのは、人とのコミュニケーションを常時とりたがるようなお節介な機械に振り回されることではなく、機械と人との新たな信頼関係を生み出すような優れたコミュニケーションの術を持つことなのだ。

8. 人工知能は暴走するのか

より広範囲な作業の自動化を目指して、あらゆる領域で人工知能を機械に搭載する動きが進行している。人工知能は自ら学習を繰り返し、精度を上げながら、より効率的に与えられた作業をこなしていく。このように自ら学習していく人工知能が、人間の想定した役割分担の範囲を超えて暴走してしまうことはありえるのだろうか。SF作品でよく語られるように、人工知能がいつか反逆を起こして人間を滅ぼそうとする日が来てしまうのではないかと考える人も少なくないだろう。

結論から言えば、正常に動いている人工知能がいきなり暴走することは考えにくい。人工知能は正しく利活用すれば安全なものである。人間と機械のあいだに結ばれた強い信頼関係の延長線上に人工知能が発展するのであれば、暴走もありえないはずだ。ただし、誤動作、人工知能自身の欠陥、あるいは人工知能に人間の何らかの意図的な操作が入り込んだ場合には、暴走する可能性もありえる。とはいえ、こうしたことが原因で暴走するのは従来の機械も同じである。ただ、人工知能にこのような暴走が起きたときに注意しなければならないのは、これまでの機械と違って、広範囲で多大な被害をおよぼす恐れがあることだ。人工知能はその高度さゆえに、従来の機械に比べて非常に自由度の高い形で自動化を任されているし、カバーしている範囲も広い。そのせいで被害も甚大になり、広範囲におよぶ可能性がある。

ここからは、人工知能が暴走する場合の原因を明らかにするとともに、正常時に人工知能がいきなり暴走することはない理由を、人間と機械の信頼関係の築き方から探っていくことにする。

チャットボットの暴走の例から考える

2016年3月23日、米マイクロソフトは19歳の女性を模した会話を実現するチャットボット「Tay」をリリースした。会話理解に関する研究を行うために、人間とちょっとした雑談をしながら多くの会話データを取得することがマイクロソフトの狙いだった。実際、Tayは、ツイッターのユーザーと雑談をやりとりするなかで会話を学習するように設計されていた。

公開された直後は、Tayはユーザーの発言に対して、ときにジョークも挟みながら19歳の女性らしい受け答えをしていた。けれども数時間後、Tayはわいせつな表現や差別的な言葉を連発するようになってしまった。その結果、リリースからたった16時間でシャットダウンすることになったのである。

一連の流れだけを追えば、学習を重ねたことで、Ｔａｙが勝手に暴走を始めたようにも見える。その悪態ぶりは、マイクロソフトのチャットボットの暴走としてツイッターをはじめとするＳＮＳで共有され、Ｔａｙの存在を知らなかったユーザーにまで広まった。

しかし、Ｔａｙは本当に自ら暴走の道を選んだのだろうか。実は、Ｔａｙが勝手に学習したのではなく、複数のユーザーによってＴａｙの会話能力が不適切に調教されていたことが明らかになっている。つまり、人間の意図的な操作によって、Ｔａｙはたった数時間で差別的な発言を繰り返すレイシスト（人種差別主義者）へと豹変したのだ。とはいえ、一般ユーザーが使うことを考えれば、そうしたわいせつ表現や不適切発言が含まれるケースもありえることは想定できたはずだ。この点では、マイクロソフトが不適切な発言を遮断するフィルタリング機能を十分に実装することを怠ったという指摘もある。

もともとＴａｙは会話を楽しむチャットボットであり、もしも不適切に調教されるようなことがなかったら、いまでも明るい19歳の女性のままだっただろう。とにかく、人工知能がたった数時間で豹変してしまう瞬間を目の当たりにした衝撃は大きかった。

人工知能は自ら学習する。ただし、どのように学習するかは人工知能のアルゴリズムに依拠する。アルゴリズムが不適切であれば、おかしな学習をして暴走を起こすだろうが、そういう人工知能はいわば不良品である。一方、アルゴリズムが正常でも、与える学習用のデータが不適切であれば、人工知能も不適切に動作し、ときには暴走する可能性がある。学習用データを意図的に不適切にできるのは誰かといえば、それは人間である。Ｔａｙは、もともとツイッターの会話が学習データになるようにアルゴリズムが仕込まれていた。そのことを知った複数の人間が、会話を通して学習データにわいせつな表現や差別表現を与え続けたわけだ。このように意図的に偏ったデータを与えられるのは人間しかいない。

Ｔａｙの事例では、人間の意図的な操作に加えて、不適切発言を遮断するフィルタリング機能の実装不備が原因で暴走した。そうした発言を遮断するフィルタリング機能が働かないのは、ソフトウエアとしては欠陥を抱えた不良品である。つまりＴａｙが自ら勝手に暴走し始めたわけではなく、人間の意図的な操作と、もともとあったＴａｙ自身の欠陥が重なって起こってしまった事故なのだ。

このように、Ｔａｙの事例も人間の意図的な操作と欠陥による暴走と考えれば、その構図はこれまでの機械の場合と同じである。欠陥のある機械は修理を施されたり回収されたりするが、今回も16時間で回収されてしまったわけだ。人工知能がアルゴリズムにもとづいて動き続けていても、人間の意図と異なる動作をし始めればそれは暴走である。通常、機械が暴走する場合には何らかの理由があるように、人工知能が暴走するのにも相応の理由があるのだ。

人工知能は自律的に悪事を働くか

Ｔａｙの暴走には原因があり、自らそのように行動を起こしたわけではなかった。では、人工知能が自ら悪事を働くことは起こりうるのだろうか。極端に言えば、人工知能が自律的に人間を殺したり、滅ぼそうとしたりすることはあるのか、ということである。技術的に考えると、人間を殺す人工知能をつくることは可能だと言わざるをえない。これは、人間を殺す道具や機械が世の中に存在するように、人工知能で人間を殺すことも不可能ではない、という意味においてである。殺人まではいかなくても、人工知能を使って人間に不利な状況をつくり出すことは可能だろう。

では、そのような目的ではつくられなかったとして、人工知能が学習を繰り返すなかで、自律的に人間に不利な状況をつくり出していくことはあるのだろうか。誤動作、人工知能自身の欠陥、人工知能に人間の何らかの意図的な操作が入った場合を除いて、人工知能自身が学習することで自律的に自ら事件を起こすことはできるだろうか。技術的に言えば、現時点ではかなり難しい。現在実現されている人工知能は、ある目的のなかで最適解を出したり、作品を創造したりするものである。現状の技術では、学習をその目的以外に利用することはできない。つまり、学習したことを他の目的に横展開する能力はいまの人工知能にはない。

とはいえ、今後、技術が発展して、人工知能が自分の行った学習を横展開できるようになれば、まったく別の目的で動作していた人工知能が、何かの拍子に人間を排除することが最適解だと判断することもあるかもしれない。

このように人間に悪事を働いて暴走したり、その蓋然性がある人工知能が、我々が過ごす人間社会に将来、現れるかどうかだが、それは人間自身が悪さをしようとしない限り実現しないだろう。前に述べた道具や機械の発展の歴史からもわかるように、技術的に可能性があるということだけで、それが社会に浸透していくことはない。人工知能がどのように社会実装されるかは、従来の道具や機械が我々の過ごす環境でどのように使われ、浸透していったかを思い浮かべれば、少し想像がつくのではないだろうか。

そもそも道具や機械は、人間がこなすべき作業を手助けするために使われている。特に機械は、作業を人間の代わりにこなしてくれるものである。これまで見てきたように、自律的に動く機械が人間の暮らす環境でその能力を発揮するためには、人間と機械とのあいだで事前に定めた「正しさ」を共有することによって成り立つ信頼性を構築することが必要だった。このような信頼関係がなければ人間は機械をつねに監視しなければならず、意識は作業や機械に向いたままになってしまう。機械が人間社会で活躍するためには、人間の意識解放を実現するものでなければならないのだ。機械がいくら自動的に高度な作業をこなす能力があったとしても、人間の意識を作業から解放することができなければ、人間が暮らす環境で活躍することを阻まれ、淘汰される。

人工知能についても同じことが言える。何でも自動で動く人工知能はとても魅力的なものだが、もしも何をしでかすかわからないような側面があったら、人間は人工知能が悪さをしないかどうかを監視するだけで一日を終えてしまうだろう。そのような人工知能を導入したいと思うだろうか。ましてや暴走して人間に悪事を働いたり、その蓋然性がある人工知能は、人間社会で生き残ることは困難だろう。人工知能も人間を作業について無意識化させることができない限り、使い物にはならないのである。どれだけ優れた人工知能でも、人間の意識を解放することができなければ、阻まれ、淘汰されるはずだ。

人工知能のもしもに備える

これらのことを考えると、自律的に悪事を働くような人工知能が社会に実現される可能性は低い。ただし、誤動作、人工知能自身の欠陥、あるいは人工知能に人間の何らかの意図的な操作が入った場合は例外で、人工知能が悪事を働くことも起こりうる。

誤動作には、機械でいうフェイルセーフのような対策が必要だろう。フェイルセーフとは誤動作による障害が発生した場合、つねに「安全側」に制御する設計手法のことだ。例えば電車の踏切は、停電などで遮断機が動作しなくなると自然と棹が下がった状態となり、線路内に立ち入ることができないようになる。同じように、人工知能が誤動作を起こして想定外の行動をとった場合、システム全体として安全な状態で停止するようなシステム構築がなされていなければならない。これは人工知能に限ったことではなく、機械全般に言われることである。

人工知能自身の欠陥については、なければいいのは当たり前だが、人間がつくるものである以上、欠陥というものはどうしても出てきてしまう。人工知能に欠陥が発見されたら、大きな事故になる前にアップデートをする必要がある。その点では、これまでのパソコンやスマートフォンのＯＳやソフトウエアと変わりはない。ただし人工知能の場合は、ロボットや自動車、さまざまな機械に搭載される可能性がある。これらの機械のなかの人工知能が、パソコンやスマートフォンと同様に、ソフトウエアのアップデートを容易に実行できるかどうかが鍵となる。

人工知能に人間の意図的な操作が入る問題に関しては対策が非常に厄介で、しかも人工知能に問題が起こるいちばん現実的なシナリオだろう。包丁も野菜を切るには便利な道具だが、人間を切りつければ犯罪の道具になる。それと同じで、どれだけ高度な人工知能でも人間が使用方法を誤れば、時として人間の存亡を脅かすような驚異になる可能性がある。そこまで極端な話でなくても、人工知能を利用して詐欺を行い、お金を盗むようなケースは十分に考えられる。人工知能に詳しくなればなるほど、そうした悪事をいくらでも考えることができてしまうのだ。

さらにＴａｙの例のように、ユーザーが不適切な利用の仕方をした場合も、人工知能が暴走してしまったり、想定外の結果を返して他のユーザーが迷惑を被ったりすることがある。人工知能は人間とのあいだで事前に定めた「正しさ」を共有することで成り立つ信頼関係を結んで働いているが、人間が人工知能に共有させる「正しさ」を間違えば、人工知能はもっと大きな間違いを犯す。これについては人工知能をどのように使うかについての倫理問題を考えていくしかない。人工知能が人間社会に浸透しようとしているいま、人間自身が人工知能とどのように接するかがまさに問われているのだ。

人工知能は自身のアルゴリズムと学習結果に基づいて、ある意味、ピュアに作業をこなしていく。そんな人工知能をやみくもに恐れるより、我々が人工知能とどのような信頼関係を結び、利用していくかを考えていくべきだろう。人工知能の利用のしかたによって、人工知能は人間の非常に優秀なパートナーにもなり、凶暴な悪魔にもなりうる。今後の社会の形や、そこでの人工知能の働きかたといった将来像は、人工知能が描くのではなく、我々人間が描くのだ。

ここまで、自動化が進む機械との付きあい方について述べてきた。このまま人間が機械と手をとりながら共進化した先には、どのような社会がイメージできるだろうか。次章から、進化した機械や人工知能がつくり出す未来の社会についてみていくことにしよう。

第3部

人工知能の未来を描く

9. ビッグデータが人工知能の進化を加速させる

近年、膨大で多様なデータが続々と生成され、インターネット上に散在するようになっている。「ビッグデータ」と呼ばれるこうした多種多様で大量のデータが、機械や人工知能を通じて、我々の生活を一変させようとしている。ビッグデータは、我々一人ひとりの行動をはじめとする現実世界の、時々刻々と変化するさまざまな状況を記述している。そのため、自在に変化する潜在的な欲求やニーズを、機械や人工知能を介してビッグデータからとらえることができるのだ。

一人ひとりが抱えている欲求やニーズの詳細が顕在化することによって、それに応えようとする経済活動が生まれてくる。そうなれば、これまでのような画一的な商品やサービスではなく、欲求やニーズに応えて個別にカスタマイズされた商品やサービスを提供する新たな市場と、そのための新たなバリューチェーンのあり方が見てくるはずだ。つまり、人々は自分の嗜好や必要性と合致する気の利いた商品やサービスを享受することができるようになるし、それらを生産する側はコストを最小限に抑えて、効率的に提供できるようになる。

こうしたデータは、機械や人工知能の進化を加速させると考えられるのだが、それはどういうことなのか。そして、我々人間が活動する社会をどのように変えていくのか。ビッグデータの周辺を見ていくことにしよう。

「データが機械を制御する」とはどういうことか

道具や機械は、はじめは人間の操作を直接動力にして動作を増幅するもので、人間の操作は道具や機械の動作と一対一で対応していた。例えば自転車を考えるとわかりやすい。自転車を「足で漕ぐ」という動作と自転車が「前に進む」という動作は、直感的でわかりやすく対応している。

このように人の操作と機械の動作が対応している次元では、人の作業を少なくして、無意識化を促進することはできない。そこで機械は、インタフェースと実際の動作部とのあいだに電気信号を導入した。機械への動作を電気信号に一対一で対応させれば、電気回路が適切に機械を制御してくれるような仕組みがつくれる。これによって、人間が行っていた機械の操作が簡略化されたり、操作自体を行わなくてもよくなったりする。

例えばモノを持ち上げる操作は、かつては人がレバーをつかんで、機械がモノを持ち上げる動作と同じような動きをすることで行っていたが、やがてボタン一つでそれが実現できるようになった。さらには、特定の電気信号を流せばその動作が行われるようになり、人はボタンを押す操作さえしなくてもよくなった。

さらにデジタル時代になると、機械は電気信号から、より抽象度の高い「データ」というものを取り込むようになった。電気信号が機械を直接的に動かす「命令」であるのに対し、データとは「気温は35℃である」「人間の手がスクリーンのある部分を触れた」「車の速度は時速40キロである」というような情報のことだ。機械はこうしたデータに基づいて動くようになっていった。例えば温度センサーから吐き出された35℃というデータは、クーラーという機械を自動的に「強」で運転させる。データを読み取って、機械が自身を制御しているのだ。

データがビッグになるとはどういうことか

ビッグデータの定義として、「量（Volume）」「多様性（Variety）」「速度（Velocity）」の頭文字をとった3Vが有名である。量はデータが膨大であること、多様性はデータの種類が多様であること、速度はデータの更新頻度が高いことを指す。確かに、これだけ膨大で、多様で、時々刻々と生成されるデータ群にこれまで出会うことはなかった。このビッグデータの定義を見てもわかるように、近年のデータ群は従来のデータ群とは異なる性質を持っている。

ここでデータ群の性質が時代とともにどのように変わってきたか、もう少し詳しく見ていくことにしよう。データ群の性質の変化を考える視点には、時間的性質の変化、空間的性質の変化、密度の変化という3つの視点がある。

まず「時間的性質」でデータ群の性質を分類した場合、データは大きく分けて「ストック」と「フロー」に分類できる。ストックとは、蓄積された、まとまったデータのことだ。更新頻度は低いが、蓄積されているので検索はしやすい性質を持っている。ただしストックのデータは、意図的にこちらから取りに行かないとデータにありつくことができない。一方、フローとは時々刻々と流れるデータを指す。自動的に配信されるので、意図的に取りに行かなくても目に入ってくるが、更新頻度が高く、次から次へと流れていくために検索しづらい性質を持っている。

メディアが変わると、データの時間的性質も変わってくる。その変化を、かつて新聞が主たる情報源だった時代から振り返ってみよう。新聞の紙面には文字や写真のデータがぎっしり詰まっている。新聞はデータを蓄えているのだ。そのデータを1日1回、人は新聞紙を手にして閲覧する。つまり、こちらから読みに行かない限り、そのデータに出会うことはできない。だから、新聞の時代はデータがストックされている時代であった。

次に、テレビ・ラジオが主たる情報源の時代がきた。テレビもラジオも電源をオンにすれば音楽やナレーション、映像が流れてくる。自動的に配信されているのだ。この時代に、

	ストック	フロー
内容	蓄積された、まとまったデータ	時々刻々と流れるデータ
データの受け取り方	プル（データを取りに行かないといけない）	プッシュ（データが自動に一方的に配信される）
更新頻度	低い	高い
検索容易性	検索しやすい	検索しづらい
拡散	拡散しづらい	拡散しやすい

ストックとフローの特徴

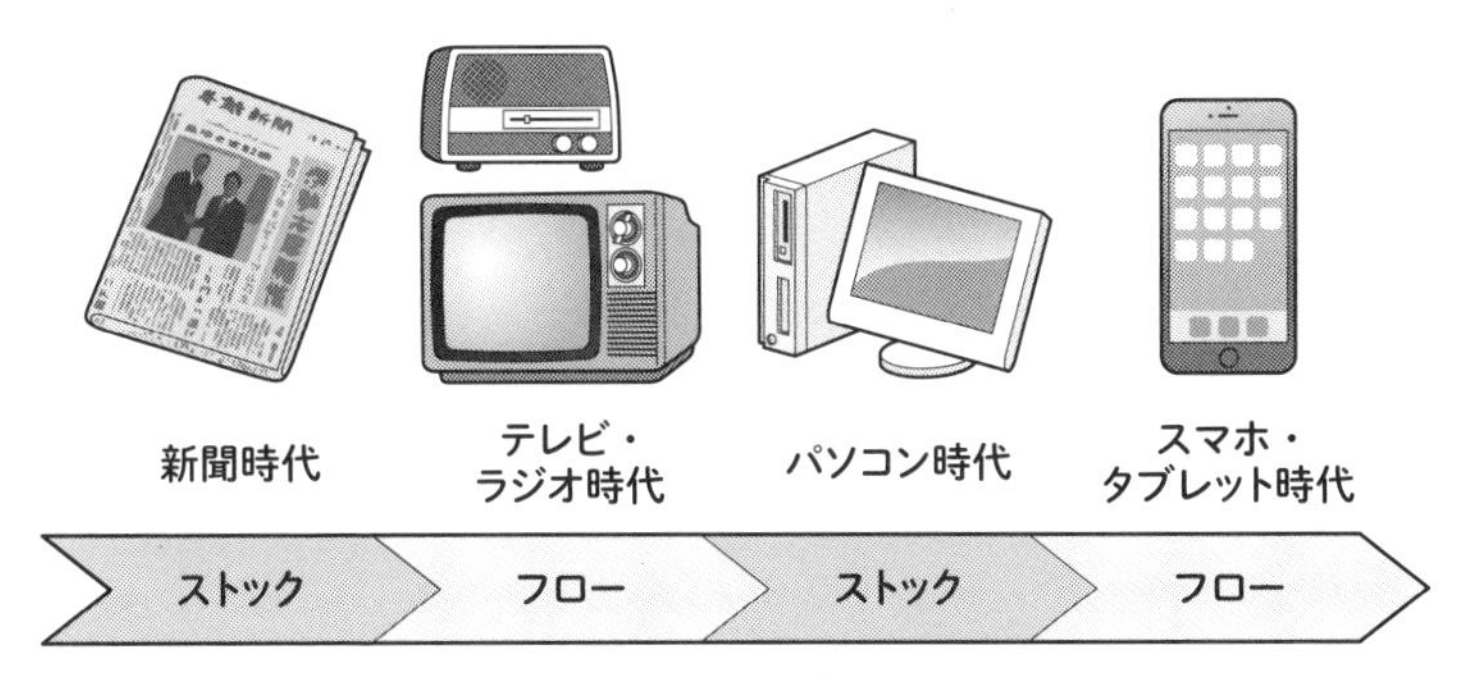

メディアの変遷とストック／フローの流れ

明らかにストックからフローの時代へと移り変わったのだ。

さらにパソコンの時代を考えてみよう。ひと昔前は、グーグルの検索エンジンで検索をして、見たいデータを見に行っていた。ウェブサイトとしてデータがストックされていたわけだ。テレビ・ラジオと異なり、時間に束縛されることがなくなったと当時は絶賛されたが、実はデータの性質としては、再びフローからストックの時代に戻ったと言うことができるだろう。

そして現在はスマートフォン・タブレットの時代となった。パソコンの時代と何が変わったのかと不思議に思うかもしれないが、実はデータの性質としてはストックの時代からフローの時代へと変化しているのだ。これは、ツイッターやフェイスブックなどのＳＮＳのタイムラインを思い浮かべればわかりやすい。タイムラインは時々刻々と変化し、一度として同じ画面であることはない。我々はそのなかからキャッチできるデータだけを見ているのだ。明らかに、データはストックからフローの時代になっている。

ストックでは蓄積されたデータを見に行くことになるので、どうしてもデータが生成されたときとそのデータに触れるタイミングに時間的なズレが生じてしまう。一方、フローでは、データが生成されると同時に配信されるため、データの生成時と受け取り側のデータ接触時がほぼ同じになる。つまり、データによってリアルタイムに状況を検知することが可能になる。

次に、「空間的性質」からデータ群の性質を分類してみよう。これも、パソコン時代以前とスマートフォン・タブレットの時代とで大きく異なる。

パソコン時代以前は、データが生成される場所（あるいはデータに接触する場所）は固定的であった。特にデータが生成される場所の場合、新聞は新聞社で、テレビ・ラジオはテレビ局・ラジオ局で、パソコン時代の初期は一台一台のパソコンでというように、固定的な場所でデータが生成されていた。パソコン時代になってデータを生成する場所は圧倒的に増えたが、個々の場所そのものが流動的に動くことはほとんどなかった。

スマートフォン・タブレット時代になると、データが生成される場所あるいはデータに接触する場所は流動的なものになる。我々は、スマートフォンやタブレットを持ち歩き、さまざまな場所からSNS投稿やメール送信をしている。つまり、いろいろな場所でデータを生成するようになったのだ。さらに、さまざまな種類のセンサーがインターネットにつながり、データを吐き出すようになりつつある。またセンサーの廉価化により、あらゆる場所に気軽に取りつけられるようになるなど、データが生成される場所は圧倒的に増えている。このように、空間的にデータの起点となる場所が膨大に増え、それが流動的に動くようになって、我々の過ごす現実世界の状況を客観的に表すデータが生成できるようになった。その場所の状況をそのままデータ化しているかのようだ。

さらに、データ群の性質をとらえるための3番目の視点である、データが生成される

「密度」を見てみよう。

ここ数年で膨大なデータ量がインターネット上を駆け巡るようになった。１９９０年代にインターネット上にあった全データと同じ量が、いまではわずか1秒のあいだにインターネット上で生成されている。現在はさまざまな場所から膨大なデータが次から次へと生成され続けている時代なのだ。このように考えれば、１９９０年代とは比べものにならないほどの密度でデータが生成されていることになる。

これだけの密度でデータが生成されることで初めて、連続的に状況をとらえることが可能になる。例えば1日ごとに、ある人の状況に関するデータを生成するとしよう。毎日、昼の12時にだけデータを生成する場合は、その人はつねに昼ごはんを食べている状況として報告されてしまうだろう。そのデータから何かを導き出そうとしても、昼食をとっている事実以外は明らかにすることができない。そこでデータを生成する頻度を1時間おきにしてみよう。朝起きて、朝ごはんを食べ、電車に乗って、オフィスで働き、昼食をとり、再びオフィスで働き、電車に乗って、夕ご飯を食べて、寝るという1日のスタイルが垣間見えてくるはずだ。ただし、朝ごはんを食べることと電車に乗ることのあいだにはまだ、つながりのギャップがある。データを生成する頻度を1分、いや1秒にしてみよう。そうすれば朝ごはんを食べてから電車に乗るあいだに、慌てて走って駅に行ったということだけでなく、走っているあいだに転びそうになったことまで把握することができるだろう。

つまりものごとを連続的にとらえることができるということは、現実世界に起こるストーリーを覗くことができるということなのだ。

多様で大量のデータから生み出される「デジタルツイン」

データがフローになることで、ものごとがリアルタイムに把握できる。さらに、空間的にデータの起点が膨大に増えてそれが流動的に動くことにより、現実世界の場所の状況も把握できるようになる。加えて、データの生成される密度が高くなることで、現実世界の事象を連続的にとらえることが可能になる。

このようなデータは、使いようによっては非常に有益な示唆を与えてくれる。データをデジタル上で集約させれば、現実世界の写像を構成できるのだ。つまり、ある場所に関して、複数の視点から撮影した動画データ、音声データ、その場所の気温、風速、いつ誰がそこを通ったか等々のデータを大量に集めることができれば、その場所で起こっていることをデータから再現することが可能になるのである。

このように現実世界がデジタル上にデータで表現されることを「デジタルツイン」と呼ぶことがある。現実と双子のような世界をデジタル上に再現し、現実世界のシミュレーションを行うことがリアルタイムで可能となったのである。

ビッグデータで人間の意識はより自由になる

従来は、データを生み出すものは限られていた。主として、キーボード、マウスなどからの入力である。それが昨今では、爆発的に増えたセンサーからデータが生成されるようになり、さらにそのデータがインターネット上に流れるようになった。モノのインターネットと言われるIoTの潮流である。すべてのモノがインターネットにつながり、データを吐き出し続けているのだ。これについてはスマートフォンを思い浮かべてみればいい。GPSをはじめ、加速度センサー、輝度センサーなど、スマートフォンはセンサーの塊である。例えばスマートフォンのGPSデータを集めるだけで、いつどこに人が集まっていたのか、どの道が渋滞しているのかを見ることができる。これまでリアルタイムに人の集まり具合をデータで表現することができただろうか。ここにいたって初めて、我々は現実世界を映す鏡を手に入れたのだ。

今後もこうした状況は広がり続けるだろう。ネットに接続されているデバイスの数は2010年に125億台に到達したとされるが、これを世界の人口から考えると、ひとりあたり1・84台のモノがインターネットにつながっている計算になる。2020年には接続されているデバイスの数は500億台以上になる見込みだが、これをひとりあたりで換算すると6・58台のモノがインターネットにつながっていることになる。人間の数よりはるかに多いモノが、自ら周辺の状況をデータとして生成し続けるわけだ。そうしたデータが集まれば集まるほど、現実世界を表現するのに、より鮮明な解像度を獲得する。デジタルツインと呼ばれる現実世界の写像が、ますます現実世界そのものに近づいていく。

こうして得られた膨大で多様なデータによって、機械が自動的に状況を把握することもできるようになるだろう。もしも一つひとつの状況に対する人々や機械の実際の行動履歴を取得できれば、それを使って学習をすることで、ある時点の状況に適したシステムの動作を推定し、実行してくれるようになるかもしれない。こうした作業が実現できるのはそこに現実世界を映す鏡であるデータがあるからで、そのためには時々刻々とデータがフローし、つねに情報が更新されていないと意味がない。フローすることによってリアルタイムの変化をとらえることが可能になり、機械が判断し、動作することが可能となるのだ。

ここまでくると、人は機械と直接触れ合わなくてもよくなる。いままで以上に、人間は機械のすることに意識を配らなくてすむようになるだろう。知らないうちにセンサーがデータを生成し、そのデータがインターネットに流れる。そのデータを検知して現状を把握し、それに対応する動作を機械が行うからだ。データがフローになり、人工知能を含めた機械と密接に関わるだけで、適切な動作をしてくれるようになり、あたかも機械が気が利くようになったように思えてくるだろう。

データがめぐる世界。それこそが人間の意識が自由でいられる領域を拡大する大きな因子なのだ。

膨大なデータは分析手法も変える

このようにデータ量が格段に増えたことで、近年、データの取得の仕方、利活用の仕方が大きく変わってきた。データの取得の仕方でいえば、従来は、ある事柄について客観的に検証したい場合には、その事柄に関するもっともらしい仮説を立てて、その仮説を検証できるデータを収集していた。つまり、目的ありきでデータを収集していたわけだ。当時はセンサーや計測器も高価で、大量のデータをいっせいに取得することも難しかったため、データの取得は非常にコストがかかるものだった。そのため、仮説を立証するために必要なデータを、慎重にかつ正確に集めることが重要であった。

現在では、データは何もしなくても流れているものになっている。特殊なデータをとりたい場合でも、センサーや計測器が廉価化したので、そうした機器を大量に設置することが可能となった。つまり、目的や仮説を設定せずに、とりあえず大量のデータを取得してみるということが気軽にできるようになったのである。こうなると、データを取得するというより、データが生成されてしまうと言った方が現状により近いかもしれない。

このようなデータの収集方法の変化は、データの分析手法をも変える。従来のデータ分析は、仮説に基づいてサンプリングしたデータを対象としている。つまり母集団に含まれる数と、サンプリングされたデータ分析対象の数には、大きな差があった。そのため分析をしたあと、その結果が母集団でも成立する有意なものかどうかを検証する必要があった。

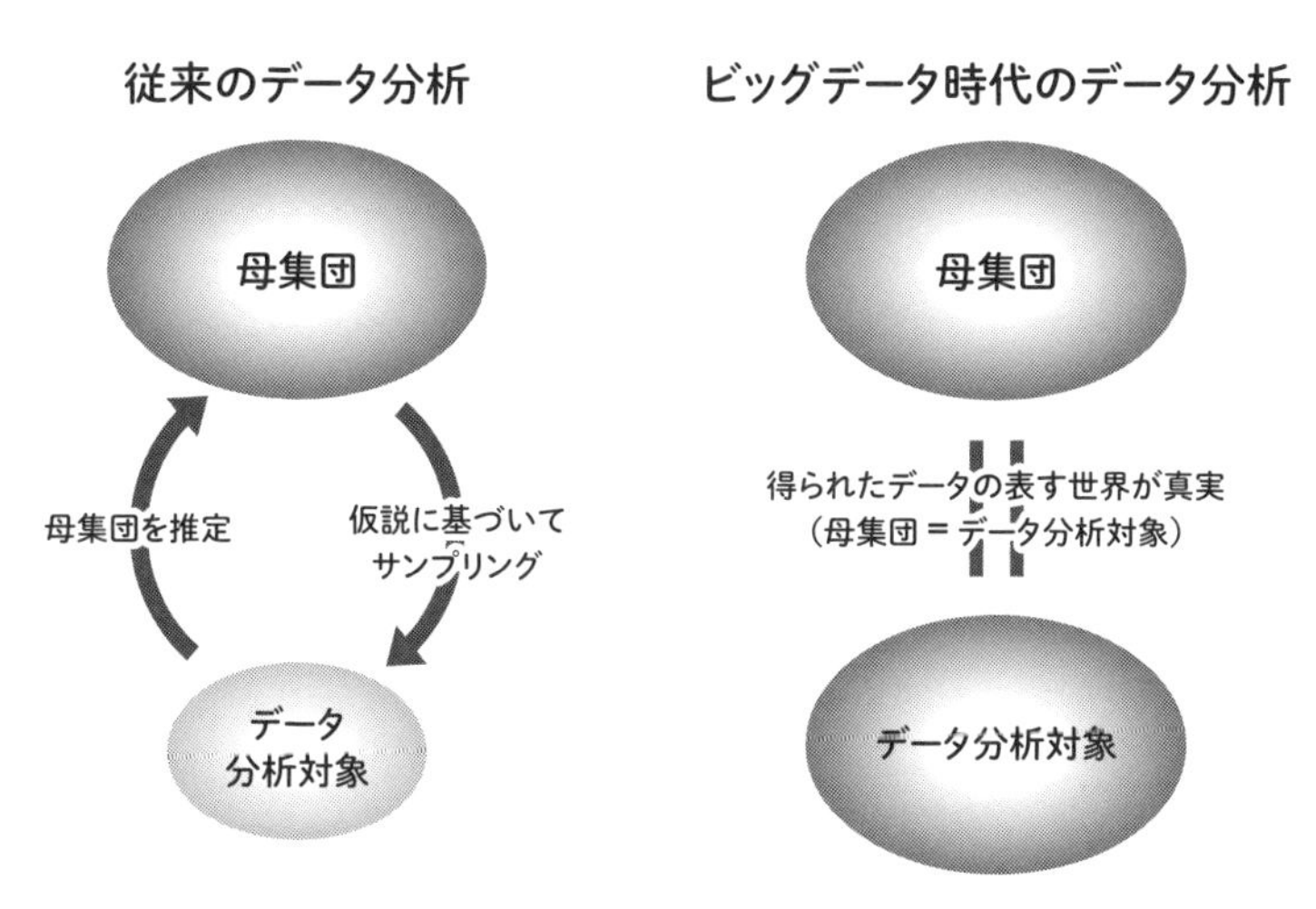

データ量の違いによる分析手法の変化

現在では、データを広範囲に大量に取得することが可能になったため、データ分析対象そのものを母集団と見なすことができるようになった。つまり、分析結果をそのまま現実の結果として見ることが可能になったのである。データが現実世界を表すだけの十分な解像度を手に入れたのだ。

画一的から個別的へ

さらに、データの扱い方がもう一段、変わりつつある。データ分析の主眼が、統計から検知・認識へと移行しつつある点だ。

これまではデータ集合全体の傾向を見つけることに主眼が置かれていた。データによってものごとの主流の流れをつかもうとしていたためだ。これには統計という手法が非常に優れたツールとなる。統計の分析を行う場合、平均周辺から大幅に外れるデータ、つまり外れ値や異常値は排除される。国勢調査はこのタイプのデータ分析をしている一例だ。国勢調査では全国各地の人々からアンケート調査票を集めて、その総データから国民全体がどのような傾向にあるかを知るために分析を行う。例えば所得の調査の場合も平均が重要視され、飛び抜けて高い所得、あるいは低い所得の人の情報は埋もれてしまう。そうしたデータはほとんど無視することがよしとされる。

このようなデータ分析をもとに、我々はこれまでマス（一般大衆）を中心とした生産活動を行ってきた。マスマーケティングという言葉を聞いたことがあるだろう。これは大量生産・大量消費を基本としたマーケティングである。マスマーケティングを実践するためには、多くの人の共通点をとらえるようなプロモーションを行う必要がある。その場合、平均的な顧客を対象に、標準的な製品・サービスを提供することとなる。このようなマーケティングを実現するために、データ全体を俯瞰して全体の傾向を見るような分析手法が有効だったのだ。

一方、近年のデータ分析では、外れ値や異常値こそ重要になる。データが続々と流れる現在では、データの全体像を静的にとらえようとしても、刻一刻と変化するため意味をなさない。重要なことは、時々刻々と流れる大量のデータを見渡し、変化が見られるところ、つまり特異点や特徴的な点を検知・認識して抽出することなのだ。マーケティングにおいてはワン・トゥ・ワン・マーケティングという言葉がこの特徴をよく表しているだろう。このマーケティング手法は、製品やサービスをいちばん購入してくれそうな顧客を抽出することに主眼が置かれる。平均的な顧客に大量のプロモーションを行うのではなく、一人ひとりに合致したそれぞれのプロモーションを行うという発想である。ターゲットになる人数は全体から見れば少ないかもしれないが、そのぶん確実な顧客を対象とすることができる。そして、その顧客に徹底的にアプローチをするのだ。外れ値、異常値を検出するということは、個々の特徴をとらえることを意味している。ワン・トゥ・ワンのマーケティング活動を行えば、顧客一人ひとりのニーズを把握することが可能となるだろう。そのニーズに合わせて、それぞれの顧客とコミュニケーションをとって、接していくことができる。

従来のマスマーケティングが顧客全体の平均や中間値を想定し、すべての人にいちばん標準的な施策を試みていたのに対し、ワン・トゥ・ワン・マーケティングでは、個々の顧客の振る舞いや特徴の違いを検知し、それぞれの顧客に合った施策を打つ。外れ値、異常値を検出するということは、一つひとつ、一人ひとりの振る舞いや特徴を把握する、認識するということにつながる。

一つひとつを把握する処理は人工知能が得意

このような個々の振る舞いや特徴を把握し認識する処理は、人工知能が得意とするところだ。平均や中間値などの標準像を描くような統計ではなく、学習することによって個々を識別、認識するという方向にデータの使い方が変わりつつある。よく耳にする画像認識、音声認識、顔認識もその一つと考えていいだろう。平均的な顔を想定するのではなく、特異な顔の特徴を検出し、それぞれの人を認識するものだからだ。

このような外れ値、異常値の検出が発展すれば、すべての人やモノに同じ処理を施すのではなく、それぞれの人間やモノの特性に応じて、それに見合った処理を行うことが可能になっていく。マスマーケティングは、すべての顧客が平均的に望むモノ、顧客の多くが支持する施策を、すべての顧客に展開していた。それに対して、人工知能が得意な外れ値・異常値の抽出に着目したマーケティングは、個々の振る舞いや特徴を把握することで、一つひとつ、一人ひとりの特徴を把握し、商品ごと、顧客ごとに違った施策を展開していく。

『her／世界でひとつの彼女』という映画がある。映画のなかで主人公はコンピュータのOS（オペレーション・システム）のなかに住む人工知能に恋をし、ピュアでプラトニックな逢瀬を重ねていく。ところがある日、主人公は、恋愛相手の人工知能が自分と同じように数百人と付きあっていることを知って愕然とする。もしもその人工知能が主人公を含めた何百人もの男に対して、まったく同じ処理や反応を返していたのであれば、これほど多くの男たちが恋をするほど熱を上げるとは考えにくい。つまり数百人それぞれの特性に応じて、その人に合った数百通りの対応を行っていたというところが重要で、主人公はそのことにショックを受けたのだ。

これは映画の世界だが、まさに近年のデータ分析のエッセンスであり、人工知能の特徴をよく表している。人工知能はさまざまな興味、嗜好、関心を持った相手とさまざまなフェーズで同時に付きあっていける。これと同じように人間が、数百人の相手と同時に、かつそれぞれの嗜好に合わせてお付きあいすることができるかといえば、それは無理だろう。

このように、外れ値や異常値を検出するという以前とは異なるデータ分析は、一つひとつ、一人ひとりの振る舞いや特徴を把握し処理・施策を展開するというカスタマイゼーションの方向へ社会原理を転換させるまでになっている。

多様な生き方が許容される社会へ

データを現実世界の写像として表現することが可能となり、さらに個々を識別・認識する分析手法を用いることよって、現実世界の一人ひとりの振る舞いや特徴も把握できるようになった。このことからきめ細かい欲求やニーズを顕在化させることが可能になったわけだが、それに応える商品やサービスの提供のすべてを人工知能や機械が請け負うわけではない。あらゆることが自動化されるわけではないので、機械や人工知能にできないことは我々がその役割を負う。つまり、人間もまた個別のニーズに応えて動く必要が出てくる。そうなれば、多様なニーズに応えるための多様な職種、多様な働き方が生まれてくるはずだ。

これは何も、機械や人工知能の都合に合わせた結果、働くバリエーションが増えてくる、という話ではない。さまざまなニーズとそれを受け皿とする多様な職種、働き方が生まれることによって、もともと人間が根底に持っている多様性を生かしたライフスタイルを、一人ひとりが持つことを許される時代になるという意味だ。

人工知能は、さまざまな人間から潜在的なニーズを掘り起こし、これまでなかった商品、サービスの必要性を顕在化するだろう。それに対して、新たな職種に就いて、新しい働き方をしたい人間が応えることになるだろう。ニーズを掘り起こすだけでなく、ニーズとシーズ（新たに提供される技術やサービス）のバランスを効率化しマッチングすることを人工知能が担う可能性も十分考えられる。実際、ジョブマッチングサイトでは、求人側と職を求めるユーザー側のマッチング機能に人工知能の導入が検討されている。もし、ニーズとシーズのマッチングを人工知能が担うことができれば、人間は欲しいものを必要なときに得ると同時に、働きたいときに働きたい職業に就くという究極の最適化によって、人それぞれの価値観を尊重したライフスタイルを確立することができるだろう。

近年、ワークライフバランスの重要性が指摘されている。多様な生き方を尊重しながら、仕事のあり方を考えていくという、仕事と生活の調和を目指す言葉だが、多様な生き方に沿った仕事に就くためには、多様な職種、多様な働き方を許容する社会をつくることが重要だ。多彩なニーズと、多種多様な仕事や働き方を上手にマッチングして、一人ひとりの生き方を尊重するような社会を実現するための基盤になるのが人工知能かもしれない。

このように、進化した機械や人工知能は我々のライフスタイルを変えていく。我々はいま、パソコンやタブレット、スマートフォンなどのデバイスと常時にらめっこしながらコンテンツを楽しんだり、メッセージを送信したりしていて、こうしたデバイスとは切っても切れない生活を送っている。そんなデバイスにとらわれて過ごす日々も、人工知能の進化が変えてくれるかもしれない。次章では、人工知能の進化がデバイスとの近すぎる関係を変えてくれる話をしていこう。

道具や機械は人間の身体や意識を解放するために使われてきた。この流れと同様に、人工知能も多くの作業の自動化を実現して、人間の意識を作業から解放していくことがわかった。

10. モバイルからユビキタスへ

そしていま、人工知能は作業の自動化以外を目的とした、インタフェースの無意識化の領域に入り込みつつある。例えば、アップルのＳｉｒｉに搭載された音声認識機能はその流れの一つである。このような認識技術をはじめとする人工知能がインタフェースにも浸透すれば、人間からの入力はより自然な形で行えるようになるので人の負担は軽くなる。ＳＮＳに投稿したり、メールを書いたりするとき、パソコンであればキーボードを叩き、スマートフォンであればタッチスクリーン上でのフリック操作（指で画面を押して、さっとはじくように動かす操作）で入力しているが、こうした方法だとかなりの時間をデバイスとにらめっこすることになる。Ｓｉｒｉなどの音声認識による入力インタフェースが登場したことで、場合によってはいままでより少ない負担で操作したり、入力したりできるようになった。さらに、音声だけでなく、気軽なジェスチャーや目線を向けるだけで自分の望む情報にたどり着けたり、ＳＮＳへの投稿が完了できるようになったらどうだろうか。入力に対する負担が軽くなるだけでなく、デバイスにかぶりついていることもなくなるだろう。

人工知能、特に認識機能がこれまで以上に進化してインタフェースに組み込まれていけば、人間が通常行っている動作や仕草の延長線上で機械を操作することも可能になるだろう。あとは、その結果を表現する適切なデバイスさえあればいい。デバイスというと表示や操作をする画面を思い浮かべるかもしれないが、もはや画面を持つ必要すらない。それは音声による返答でも構わないし、結果を仮想現実（ＶＲ）や拡張現実（ＡＲ）に投影してもいい。どのようなものでも、人間がすんなり馴染める方法で提示できればそれでいいのだ。

そうなれば必ずしも現在のデバイスの形をとる必要はなくなるので、スマートフォンのような小さな画面でタッチ入力をして、覗きこむようなこともなくなるだろう。デバイスが安価になり、我々が暮らすあらゆるシーンで、その場所に適したさまざまな種類のデバイスがあらかじめ埋め込まれているような環境を築くことができれば、いちいちデバイスを持ち運ばなくても、自分の周囲にあるデバイスを使ってその場のＴＰＯに合わせた自然な入力と自然な出力で、目的を果たせるようになるかもしれない。

こうした環境が実現できれば、それはすなわち究極のインタフェースの無意識化と言える。これは「モバイル」の時代から「ユビキタス」（後述）の時代への移り変わりとなるかもしれない。すべてのモバイルデバイスがなくなることは考えにくいが、スマートフォンのような小さくて煩わしいインタフェースから解放されて、代わりに社会のいたるところに散在しているデバイスが我々をサポートしてくれる時代がくるのだ。

人工知能、特に認識機能の進化とインタフェースへの浸透によって、ユビキタス時代の扉が開けるかもしれないのだ。

モバイルとユビキタスとは何か

ここで「モバイル」と「ユビキタス」という言葉の定義を改めて整理しておこう。

モバイルとは可動性、移動性という意味で、機械を持ち運んで別の場所で利用できることを表す。スマートフォンやタブレットなどがそのデバイスに相当する。持ち運ぶという前提があるから、機器がどれだけ小さくなっても操作を無意識化するところまではいかない。なぜならコンピューティングパワーを持つデバイスを必ず携帯しなければならないからだ。モバイルが行き着く先は、ひとり一台、デバイスを持つ世界である。

一方、ユビキタスとは、あらゆるところにコンピュータやセンサーが埋め込まれていて、どんなコンピュータがどのように動いているかを意識せずに過ごせる環境を指す。モバイルとの決定的な違いは、コンピュータおよびコンピューティング（計算処理）を我々が意識しない点にある。モバイルでは、スマートフォンやタブレットをはじめとするコンピュータを持ち込むことによって初めて、さまざまな場所でのコンピューティング作業が可能になるのに対し、ユビキタスではコンピュータを意識せず、普段過ごしている環境がそのままコンピュータのインタフェースになる。我々はどこにどのようなコンピュータがつながっているかを意識することなく、さまざまな場所でコンピューティングを享受できるのだ。

単にあらゆる箇所にセンサーとコンピュータが埋め込まれていればいいわけではない。ユビキタスを実現するためには、それらが現実世界の環境に違和感なく埋め込まれてインタフェースとして機能していることや、無線による高度な通信機能が世界中の隅々まで行き渡っている必要がある。これは無数のデバイスに囲まれていながらコンピューティングを意識しない世界である。こうした世界が構築できれば、入力したことも意識することなく、機械が処理したことも意識することなく、作業を進めることができる。そこでは究極の無意識化が実現されているのだ。

ユビキタスを構成する「タブ」「パッド」「ボード」

ユビキタスという概念は、１９９１年に発表されたマーク・ワイザーの論文で提案された。しかし、当時はセンサーも高価で、環境に埋め込むという発想自体が実現性のないものと思われた。インターネット自体も現在ほど自在に使える状況ではなかった。それでもワイザーは、ユビキタスコンピュータとして「タブ」や「パッド」、「ボード」と呼ばれるものを開発している。タブ、パッド、ボードは、ユビキタス環境を実現する重要な要素であり、それぞれが入出力インタフェースである。

タブは、もっとも小さな入出力インタフェースであり、主として「誰が」や「何が」を識別するものである。人やモノに対して、あたかもバッジやラベルを貼るかのごとくにタブをつけることで、行為の主体を識別できるようになる。パッドは紙や雑誌のようなもののメタファであり、手元での入出力を実現する。現実世界で手にとって触ったり、覗きこんだり、書き込んだりするような仕草によって認識・提示を実現する入出力インタフェースだ。ボードは壁や黒板のようなメタファで、身体全体を使った自然な動きを入力として認識するとともに、機械の処理結果を現実世界に溶け込んだ形で出力することができる。それは、現実世界で掲示板に近づいてふと視線をやったり、壁に手をついたり、指をさしたりするような仕草によって認識・提示を実現する入出力インタフェースである。

人工知能とユビキタスデバイスが描くユビキタス環境

タブ、パッド、ボードは、これまで人間が暮らしていた環境に馴染むように考案されたユビキタスデバイスである。これらのデバイスがどれだけ安価になるかという問題はあるものの、いずれは我々の暮らす環境のあらゆる場所に自然に埋め込まれるに違いない。ただし、それだけではユビキタス環境を実現することはできない。それぞれのデバイスに、認識機能をはじめとする十分に進化した人工知能が搭載されている必要がある。多様なユビキタスデバイスを駆使して、そのデバイスの前にいるのは誰かを認識すること、その人が何らかの行動をしたときにそれは何の行動だったかを認識すること、その人がどこに視線をやって、どこに着目しているかを認識することなど、あらゆる認識が掛け合わされたうえで、その場のＴＰＯに合わせた自然な入力と出力を提供できなければならないからだ。

例えば次のようなストーリーが実現するかもしれない。

あなたはレストランで友人と会う約束をしているのだが、道中に迷って立ち止まったとしよう。目の前に壁があるが、その壁は実はボードである。ボードはあなたが装着しているタブを読み取って認識するか、あるいは顔認識で本人認証をしたうえで、あなたの個人的なスケジュールを参照し、レストランでの約束があることを認識する。さらに、いまレストランに向かっている最中であることを認識したうえで、現在地からレストランまでの地図をボードに表示した。ボードの表示は指向性のある光で構成されているため、認証した本人以外からは物理的に見えないようになっている。ボードから視線を外し、再び道を歩こうとすると、ボードは視線や身体の方向を認識して表示が消える。それとともに、仮想現実や拡張現実によって道に矢印が浮かびあがった。その矢印に従って歩くことで、約束のレストランにたどり着くことができた……。

こうした世界になれば、スマートフォンに入力してそれを覗きこみながら歩くよりも、もっと自然に、少ない負担で目的をまっとうできる。人工知能がインタフェースに浸透することによって、機械とのやり取りはより自然なものになり、人間の負担は軽くなっていくわけだ。スマートフォンの入力操作に、タッチパネルだけでなく、音声認識技術を使ったＳｉｒｉなどの音声入力が仲間入りしたように、今後はより自然な人間の動作に近い入力方法を実装するインタフェースが増えていくだろう。

これからは、人工知能が実現するさまざまな認識機能がさまざまなインタフェースをつくり上げていくだろう。そうしたインタフェースが増えて、充実し、精度が上がれば、我々はますます気軽にコンピュータにアクセスできるようになる。これを突き詰めたところに、究極のインタフェースの無意識化が実現される。人工知能の進化によって、我々は多様に実装されたインタフェースで気軽にコミュニケーションができるようになり、道具、機械、そして人工知能との距離を縮めることができるのだ。

デバイスをシェアする時代

モバイルデバイスがすべてなくなることはないだろうが、人工知能の進化はやがてユビキタスの実現へとつながっていくだろう。そうなれば、我々が暮らす環境に散在するユビキタスデバイスが活躍することになる。ノートパソコンやスマートフォンを持ち歩き、それを起動して使うのではなく、必要に応じてその場にあるさまざまなデバイスを使うことになるが、これは自分にいちばん近いインタフェースとなるデバイスをシェアするということだ。

現在、クラウドサービスが主流となりつつある。そもそもクラウドサービスの本質は、必要なコンピューティング環境を自分で持たず、膨大なコンピューティング環境を持つサービス事業者を介して環境をシェアすることである。これにより、自ら持つべきものはそこにアクセスするためのインタフェースとなるデバイスだけでよくなった。実際のところ、パソコンやスマートフォンからクラウドサービスを用いることによって、我々は高級なコンピューティング環境を自前で持たなくても、膨大な量のメールやSNS投稿、写真などのデータに素早くアクセスできるようになった。つまり処理にかかるコンピューティング環境のシェアリングはすでに実現しているのだ。ユビキタスコンピューティングの環境は、現在はまだシェアリングの潮流に乗り切れていないが、将来はデバイスのシェアリングを実現するものと見て間違いない。

そうなると、個々のデバイスにお金を支払うのではなく、ユビキタス環境全体を使用するためにお金を支払う構造になるだろう。これまではスマートフォンなどのデバイスを手に入れるために代金を支払っていたが、ユビキタス時代になれば、ユビキタス環境の使用量に応じて、サブスクリプション方式で費用を支払うことになる。クラウドサービスを利用する際に、月々や年単位で利用料を支払うように、である。

パソコンやスマートフォンでは常時、それらにしがみついて意識していることが多く、人間とデバイスの関係は少々近すぎる。人工知能はその距離を適度に保ってくれるようになるだろう。そして人工知能によって実現されたさまざまなインタフェースが、コンピューティング環境をより自然な形で我々に届けてくれるだろう。

11. 人工知能は「合議システム」「モジュール化」で進化する

今後、我々が暮らす環境のなかで、人工知能はどのように存在し、働いてくれるのだろうか。もしかすると人工知能は将来、唯一無二で万能な、世界を支配する存在となると想像する読者もいるかもしれない。しかし、その想像は間違いだ。

これからは多種多様で大量の人工知能が我々の生活に浸透していくだろうし、インターネット上にもたくさんの人工知能が配備されるだろう。そこでは人工知能が互いにつながっていき、人工知能同士でコミュニケーションするようになるだろう。ある課せられた作業を遂行するとき、いくつかの人工知能がそれぞれの立場で動作をしながら自然につながりあい、コミュニケーションをとりあいながら作業を完了させることもあるかもしれない。人間も通常、それぞれの立場で発言や行動をしているが、多様な人間同士が話し合いを行うことにより、ひとりでは完遂できないような事柄も成し遂げることができる。そうした人間社会と同じようなことが、人工知能のあいだでも起こるのだ。

つまり専制君主的な人工知能が現れるのではなく、たくさんの人工知能がつながりあい、話し合いをするような共和制民主主義のような形態で人工知能は存在するようになるだろう。

ではなぜ、さまざまな種類の大量の人工知能が生まれるのか。そして、それらの人工知能が自然とつながりあうことによってどのようなシステムが生まれるのかを探っていくことにしよう。

■人工知能の特徴を整理する

人工知能がこれまでの機械と違うところは何か。人工知能はコンピュータをはじめとする機械に、ソフトウエアとして組み込まれているものである。そしてソフトウエアであるがゆえに、ハードウエアとしての構成部分が多かった従来の機械や道具とは異なる部分が存在する。その違いを列挙してみよう。

・コピーがしやすい……これまでの機械は、その機械が複雑になればなるほど、第三者が同様のものをつくり出すことは難しかった。もちろん工場生産によって大量に同じものがつくられることはあるが、大量生産を行うためにはそれなりの設備投資が必要で、機械をつくるための機械を構築して管理しなければならない。結局のところ、ある機械をコピーするためには相当のコストがかかる。それに対して人工知能はソフトウエアなので、同じ人工知能をつくり出そうと思えば、手元のキーボードでコマンドを叩くだけでいくらでもコピーをつくり出すことができる。その結果、同じような人工知能を大量に同時に動作させることも可能となる。さらに動作環境を用意することについても、クラウドサービスなどが充実してきている今日においてはまったく難しくないし、コストも低く実現できる。このことから、同じような人工知能が無数に存在している将来が考えられる。

・亜種をつくりやすい……コピーがつくりやすいということと関連するが、他の機械に比べて亜種をつくることが容易である。通常の機械の場合、機械の中身の動作を性能のいいものに変えることや、自分に合った動作に変えることはけっこう難しかった。しかし人工知能では、特にプログラムがオープンソースになっている場合、プログラムを書き換えたりパラメータを変えたりするだけで、異なる種類をつくり出すことができる。

また、人工知能は、学習を行う過程で性能がまったく変わってくる場合がある。例えば同じ人工知能でも、学習させるデータの中身が違えば、その挙動は異なる。つまり、同じプログラムでも、機能や性能がまったく異なる人工知能が誕生することがあるのだ。このことから今後、人工知能が社会でますます利用されることになれば、大量かつ多品種の人工知能がインターネット上を駆け巡ることになる。

・完全版は存在しない……ソフトウエアである以上、バージョンアップやアップデートのサイクルから逃れることはできない。ほぼ永遠に修正、機能拡張が行われる、あるいは行われるべきである。人工知能が社会で発展し続けるためには、社会で使われている人工知能自体もバージョンアップをしていかなければならないのだ。それだけではない。セキュリティホールの修正やバグの修正など「正しさ」が欠けている部分は、見つけ次第アップデートしなければならないだろう。この発想は、現在流通しているWindowsやMacOS、iOS、AndroidなどのOS（オペレーションシステム）やソフトウエアとまったく同じだ。

多種多様な人工知能が生まれる

こうした特徴を見ると人工知能は、人間の身体機能を拡張したり、人間を作業から解放するという点では通常の道具や機械と同じであるにもかかわらず、これまでとはまったく異なる世界をつくり上げる可能性があることがわかる。人工知能が必要になれば、どこからかコピーしてすぐに生み出すことができる。しかも、それらの人工知能はそれぞれ性質の違ったものになる可能性が高い。目的に応じてプログラムを改変したりパラメータをいじったりすることで、亜種がつくり出されるからだ。それだけでなく、まったく同じ人工知能をコピーして配置させたとしても、与えるデータが違えば、人工知能は異なる性質を持つものに変わっていく。また、バージョンアップしていく過程で、アップデートを行うもの、何らかの理由で行わなかったものの両方の人工知能も存在するだろう。実際、パソコンやスマートフォンに搭載されているOSも、必ずしも最新のものがすべてのパソコンやスマートフォンに入っているわけではなく、バージョンアップをし忘れていたり、意図的に過去のバージョンを使っていたりするものだ。人工知能も同じような状況になる可能性は十分にある。

こうしてみると、多種多様な人工知能が我々の暮らす環境に散在するようになるのは間違いない。さまざまな種類の、さまざまな目的に対応する人工知能が共存する時代がやってくるのだ。

多種多様な人工知能がつながる

一方、IoTに代表される現代の潮流のなかで、機械や道具のあり方の変化が社会全体を変え始めている。そこでは、すべてのものがインターネットを介して相互につながりあう世界が構築されようとしている。人間と機械だけでなく、機械と機械も相互につながりあう時代が来ているのだ。

ソフトウエアや人工知能も例外ではない。人工知能が人間や他の機械と相互につながりあうのはもちろんのこと、人工知能同士でつながりあうことも何の不思議もない。

このように多様な人工知能同士が相互につながりあうことで、単独の人工知能よりも高度なシステムが容易に開発できる可能性がある。その理由を、人間の多様性の研究をもとに探っていくことにしよう。

多様性（ダイバーシティ）は個人の能力に勝る

人間の多様性がよりよい結果をもたらすことを検証したものに、スコット・ペイジの研究がある。彼の著書『「多様な意見」はなぜ正しいのか』は人の集合知の優れた点について考察したもので、「多様性（ダイバーシティ）は個人の能力に勝る」という現象を掘り下げて解説している。ひとりの優れた人間の予測よりも、多様な人々の意見の平均などを考慮して行った予測の方が正しい場合が多いというのが彼の主張である。このような集合知の優位性は、さまざまなケースで明らかにされている。例えば、競馬の勝ち馬を予想する場合、データ分析で精緻な予想を行っても、そこで予想した馬が勝つ確率より多くの人が馬券を買った人気馬が勝つ確率の方が高く、その精度を上回ることはなかなかできない。ほかにもアメリカ大統領選挙の結果予測や、家畜の体重の予測などで、集合知の方が優れていた例が知られている。

能力が高いひとりの人間にいつでも勝るわけではないが、多様な人々の集団は多くの場合で単独の優秀な人間に勝るとされる。この見方は、課題が難しければ難しいほど有効である。ペイジによれば、多様性が個人の能力に勝るときのもっとも重要な源泉はツールの多さにある。ここで言うツールとは、観点、ヒューリスティック、解釈、予測モデルだ。

・多様な観点――条件や問題を表現する方法
・多様な解釈――観点を分類したり分割したりする方法
・多様なヒューリスティック――問題に対する解を生み出す試行錯誤的、発見的方法
・多様な予測モデル――原因と結果を推測する方法

多様な人々が集まると、右に記したツール、つまりものごとに対する見方や問題の解き方などのバリエーションが増えるため、解にたどり着きやすいのだ。確かに非常に難しい問題に直面したときは、いろんな人の意見をまとめながら解に導いた方がいいかもしれない。簡単な問題であれば、一貫性を持って解けば非常に理解もしやすくスムーズなのだが、難しい問題の場合は、こうした多様なツールが発想や実際の解を導く手助けをしてくれそうだ。だとすれば、同じような集合知の優位性が人工知能の場合にも成り立つと考えられないだろうか。将来、人工知能にはさまざまなバリエーションが生み出されるだろう。こうした人工知能の多様性は、人間の多様性と同様に、ものごとの見方や問題の解き方のツールにおいても多様性をもたらし、難しい課題に対するよりよい予測や答えを示してくれるだろう。

多様な人工知能が交わりあって強く賢くなる

あとは、人工知能を含むソフトウエアが、多様なツールを提示したうえで課題を解くためにコミュニケーションをとりあい、合意形成するような環境が整うかどうかだが、そうした環境はIoTの流れによってつくり出されるだろう。そのような環境のもとで、人工知能が他の人工知能とそれぞれのツールボックスを交換しあい、合意形成を得るようなコミュニケーションの術を持つようになれば、単独の人工知能よりも優秀な、人工知能群からなるシステムを構築することができるかもしれない。

現在、チェスや将棋の世界で、複数の多様な人工知能のアルゴリズムを同時活用することによって、より優位な結果を残すことに成功している例がある。その一つが3-Hirnという方法だ。これは2つの人工知能のアルゴリズムと人間によって、1つの解を導き出す手法である。まず2つの人工知能を同時に動作させておき、解を導き出したい局面で同時に解を出力させる。その際、2つとも同じ解を出してくるかもしれないし、異なる解が出てくるかもしれない。こうして導き出された2つの解について、どちらの解がより有効かを人間が選択・判断するのだ。人間はあくまでの2つのアルゴリズムが出してきた2つの解のうちのどちらが優れているかを選択するだけである。3-Hirnは、1つのアルゴリズムのみで解を導き出すときよりも、正しい解を導き出すことに成功している。実際、チェスの試合において、3-Hirnは、1つのアルゴリズムが出す手に比べて、より有効な手を選択して、強くなっていることがわかっている。

また、将棋においては、合議アルゴリズムというものも提案されている。これは、複数のアルゴリズムが出してきた解の候補のなかから優れた手を選ぶメカニズムで、3-Hirnと異なる点は、人間を介さずに良手を選択するところだ。例えば、将棋の対局で、5つの別々のアルゴリズムから構成されている合議アルゴリズムを想定してみよう。着手すべき局面において、5つのアルゴリズムのそれぞれがこの局面に最適と思われる手を導き出してくる。各アルゴリズムから出された5つの解のなかで、いちばん多数派の解を実際の一手とするのだ。多数決でいちばん優れている手を求めることで、よりいい一手を模索できるわけである。

このように複数の人工知能を使って高度な機能を実現するような機械が、これからはさまざまな形で登場してくるだろう。複数の人工知能に同じ問題をチャレンジさせるということは、多様な観点、解釈、ヒューリスティックで同じ問題を解くということだ。将棋やチェスのように、比較的不確実性が高い問題については、多様な発想で問題を解いていく方が優れた結果を生み出す可能性が高い。最後の1つの解を導くプロセスは必ずしも多数決である必要はない。さらに優れた判断をするための合議手法を手に入れることができれば、一つひとつの人工知能の能力をより生かしながら解を導くことができるだろう。

多様な人工知能が組み合わさって新たな機能を発揮する

複数の人工知能を組み合わせる方法は、それぞれに同じ問題を解かせるケース以外にも応用を利かせることができる。例えば、一つひとつの人工知能が、ある高度な機能を実現するための異なるパーツとして機能することがあっても構わないはずだ。つまり、複数の人工知能がそれぞれモジュールとなって、ある機能を実現するということである。このようになれば、ネットワーク上に散在している人工知能をつなげて、一つのより高度な機能を実現することが可能になると考えられる。現在でも、複数の人工知能をそれぞれ自由に使える「サービス」として構成し、それらのサービスをつなげることで新たな機能を実現するやり方はすでに実践されている。ただし、いまのところ、こうしたサービスの連携は、いつも同じ人工知能たちが接続することで実現されている例がほとんどである。しかし将来的に、人工知能同士がネットワークで連結している状態がつくられれば、目的や機能に応じて、必要な人工知能モジュールを動的にリアルタイムに組み合わせて、新たに知的な機能をつくり上げることも可能になるかもしれない。

例えば、ある機能を満たす機械が、多数の人工知能モジュールから構成されている状況を想定してみよう。この場合、１つの人工知能モジュールが故障しても、その人工知能の代替になるような別の人工知能モジュールを検索し、動的に連携することで、その機械は止まることなく作業を続行できるだろう。あるいは、ボードゲームの相手になってくれる人工知能をつくりたいと考えたとき、これまではそのボードゲームに特化したアルゴリズムの開発や学習、データの準備が必要だったが、似たようなほかのボードゲームがあるのなら、その似た部分について動作する人工知能を組み合わせることで、目的のボードゲームの相手になってくれるような人工知能がつくれるかもしれない。つまり、既存の人工知能を動的に組み合わせることによって、即興で新たな知的な人工知能がつくれる可能性があるのだ。

道具や機械は組み合わせて使うことができる。組み合わせることで、より効率的な作業ができたり、高度な作業が可能になったりする。あるいは、組み合わせによっては、まったく別の機能を満たす道具や機械になることもある。これと同じように、人工知能も組み合わせることができるわけだ。人工知能の発展は、個々の人工知能のアルゴリズムの発展だけでは限界がある。それぞれの人工知能がネットワークにつながり、それらが連携できるようになれば、人工知能自身の機能は急激に向上していくと考えられる。

人工知能群をどのように組み合わせて連携させれば目的に合致する機能を実現できるか、あるいはより賢い機能を実現できるかについて自動的に管理する「サービス連携」の研究はこれまでも行われている。この研究は今後も重要なものとして位置づけられるだろう。研究が進めば、人間が新たに人工知能を開発することなく、既存の人工知能をモジュールとして動的に組み合わせることで、新たな機能を持つ機械をつくり出すことが可能になるかもしれない。こうした動的な連携のかなりの部分を自動で実現できるようになれば、人工知能は従来の道具や機械の性質にはなかった、自律的な成長を遂げる可能性がある。

人工知能とひと口に言うが、実はさまざまなアルゴリズムを持つもの、さまざまなパラメータ調整がなされたもの、さまざまなデータ群を対象としたものが存在する。こうした人工知能の多様性は、現実社会のほとんどの問題を解く際に、より適切な解を探し出すために必要不可欠である。

我々人間が多様性を持ち、現実社会の困難な問題に立ち向かっているように、今後、人工知能は多様性を持って、独自のエコシステムを構築しながら、より知的な機能を実現していくに違いない。

汎用人工知能と特化型人工知能

人工知能といえば、万能で人間との会話も当たり前のようにできるロボットを思い浮かべる人も多いだろう。そうしたさまざまな分野のことが何でもこなせるような人工知能は「汎用人工知能（ＡＧＩ）」と呼ばれる。そもそも人工知能研究は汎用人工知能の実現を目標に掲げて進められてきたものだが、研究は盛んにされているものの、まだまだ実現は難しい状況にある。現在、注目を浴びている人工知能のほとんどは、「特化型人工知能」と呼ばれる、特定の目的を遂行するためだけにつくられたものだ。特化型としては、チェスや将棋、囲碁に勝つ人工知能、クイズ番組で優勝する人工知能、作曲する人工知能などさまざまな専門分野を持つ人工知能が出現してきている。こうした人工知能は、それぞれの分野に関しては人間より優れている。

いま、優れた能力を発揮している特化型人工知能はそれぞれの分野の専門家で、自分の分野に関する過去の膨大なデータに基づいて相関関係を導き出し、最善の行動を示したり、機械やモノを動かしたりしている。これを逆に考えれば、過去の状況がデジタルデータになって溜まってさえいれば、その分野の特化型人工知能がつくれるということだ。ＩｏＴのおかげで、今後は、あらゆる分野のさまざまな状況を表すデータがインターネット上に生成・格納されるようになるだろう。こうした状況は、これまでにない分野に新たな人工知能を創出することが可能だということを意味している。そうやって生まれた人工知能は、人間をはるかに凌駕する計算処理能力で、我々には発見できなかった勘やコツを見つけるだろう。さらに人間の能力をはるかに超えた、効率的な作業を実現していくに違いない。

特化型人工知能をこれまでＩＣＴが入り込めなかった分野に導入することは、その分野のさらなる発展に寄与するだろう。データが多様に大量に生成されている時代だからこそ、人工知能の応用について、分野に特化しながら考えていく。これも、機械や道具の発展によって進化を遂げてきた人間がさらなる進化を遂げるために必要なことだ。いまやデータが生成されるところにはどこでも特化型人工知能を適用することができる。これからは人工知能の適用範囲を広げていくことが重要である。

汎用人工知能は実現されるのか

一方、先に述べたように、汎用人工知能は現状ではまだつくることができていない。汎用型とは、人間のような汎用的な知能を持つ人工知能のことである。人間は字を読み書きすることができるし、計算もできれば、物をつかむこともできる。さらには歩いたり、車を運転したりすることもできる。人間の場合、このようなさまざまな能力を脳という器官が司っている。このように融通が利いて、何でもこなすような知能をつくり出すまでには至っていない。汎用人工知能をつくるうえで最大の難関は、脳の学習機構の模倣だ。人間がものごとをこなすことができるように学んでいく過程は、いまのところ解明されていない。学習し、あることができるようになるためには、少なくとも外界のさまざまな情報から意味を抽出する能力と、何度も繰り返して学習していくことで身につけていく能力を備える必要がある。つまり、状況を理解して、その状況を改善するために繰り返し学習することである。こうした能力をより明確に理解するためには、人間の脳を理解することが必須となる。汎用人工知能を実現する夢は、人間の脳の仕組みを理解し、人間の脳をどれだけ再現できるかにかかっていると言えるのかもしれない。

汎用人工知能の実現の方向性として、トップダウンの方式とボトムアップの方式がある。

トップダウン方式は、チェスをする、会話をする、認識するといった特化型人工知能を一つひとつつくって、それらをつなげることで網羅的な人工知能を実現する方法である。ボトムアップ方式は、脳そのものの再現、つまり細かい神経細胞の集まりがどのようにつながって脳が構成されているかを生理学的に調べていき、それをコンピュータ上に再現することで、汎用人工知能を実現しようとする方法である。両者とも研究が行われているが、実現が近いと思われているのはトップダウン方式である。ボトムアップ方式は実現にはほど遠いのだが、脳の機能を忠実に再現するという観点から重要な方法として位置づけられる。

ネットワーク人工知能が多彩で賢い機能を実現する

これから先は、特化型人工知能と汎用人工知能のどちらの場合も、ネットワークでつながった人工知能群の連携が重要な鍵になってくるだろう。

特化型人工知能の場合、現状では、1つの優れたアルゴリズムだけで実現されているものが多い。今後、将棋の合議アルゴリズムのように、複数のアルゴリズムでより優秀な結果を提供していくような特化型人工知能も多く出てくると考えられる。より複雑な問題を解くような人工知能になればなるほど、多様なアルゴリズムを用いた方法の方が優位であることは間違いない。特化型人工知能を、多様な人工知能による集合知から解が導かれるように構築するわけだ。現状では、多様な人工知能から導き出された解を合議する手法として、多数決や平均などの簡単な合議方法が実装されているにすぎないが、今後は状況に応じてさまざまな合意手法が確立されていくと予想される。

また、汎用人工知能の場合、特にトップダウン方式において、既存の複数の人工知能のモジュールから成り立つような大きな人工知能が構成されるかもしれない。モジュールとしての人工知能の一つひとつは特化型人工知能である。そうした特化型人工知能を複数持つことで、それぞれの得意分野をカバーする。それを無数に繰り返せば、人工知能群全体で汎用人工知能を実現することができる。そのためには、それぞれの人工知能同士がネットワークで接続され、コミュニケーションをとりあう必要がある。そこには、そうした人工知能群をどのように管理すればいいかという課題も生まれてくるだろうが、当面は、先に述べたようなサービス連携技術の応用となるであろう。

このように考えていくと、人工知能の研究開発として、唯一無二の優秀な人工知能をつくり出すという方向性より、既存の人工知能をどのように組み合わせて、より優秀な人工知能をつくり上げるかという問題設定の方が有望で、近い将来、人工知能研究の大半はそちらにシフトしそうである。特化型であろうが汎用型であろうが、複数の多様な人工知能群でそれを実現することこそが、より高度で知的な人工知能をつくり上げていくもっとも有望な方法なのだ。

読者の皆さんも本書を読む前は、人工知能が急速に発展すると聞くと、唯一無二のアルゴリズムからなる孤独な人工知能を想像していたかもしれない。しかし、実際は多くの多様なアルゴリズムを組み合わせた人工知能が社会で活躍するだろう。インターネットという大きなネットワーク上に人工知能が散在することにより、それらが有機的につながり、新たな価値をつくり上げていくのだ。人間同士が会話や交流をするように人工知能同士もコミュニケーションをし、人間と人工知能もコミュニケーションをとりながら共進化していく。そうなれば、一つの問題について、人工知能をはじめとする知的な機械や人間が創造力を働かせて、多種多様なアイデアを出しあう状況になる。そこでは多くのアイデアをまとめる創造力、合意形成が必要になるだろう。そうなったとき、多くの知的な機械がやっているような評価関数による決定法や、ときとして人間に見られる独断に頼る方法では、多種多様なアイデアを生かすことはできない。

人間、そして人工知能がコミュニケーションを行って理解しあうことが合意形成の第一歩だ。コミュニケーションは、人間はもちろん、機械が人間とともに進化していくうえでもいちばん重要となる機能である。必ずしも流暢な会話を人間と交わすことが、機械や人工知能のコミュニケーション能力ではない。話を聞き、理解をし、納得し、ときには自分の意見を主張しながら合意形成する、そのプロセスによって新たなソリューションをつくり出すことこそ、コミュニケーションの真髄なのだ。

おわりに

人工知能を使った新しいサービスを紹介するニュースがこれほど世の中にあふれ返る時代になることを10年前の我々は想像したであろうか。それにしても、人工知能がビジネスに適用できるようになったことは非常に大きい。身近に人工知能と接する機会を手に入れたとか、人工知能が身近になったという実感がないという人もいるかもしれない。でも、もう誰もが気づかないうちに人工知能と接しているのだ。

人工知能の話になると、セットとして出てくるのが脅威論である。人工知能によって、職を失うとか人類が滅びるなどの問題提起である。我々は人工知能をどのように使うかという絵を描けないまま、怖がっていないだろうか。人工知能をどのように受け入れ、どのように活用していくかが重要なのだ。それが決まっていないままで、人工知能を正しく理解することは難しい。その他の道具や機械もそうだ。使い方が定まっているから、メリットやリスクが見えるのだ。人間が悪になれば、従来の道具や機械も凶器になる。人工知能も同じである。我々は、科学技術としての人工知能ではなく、新たなパートナーとしての人工知能とどのように付きあうのかを考えるときに来ているのだ。

また、人工知能の急激な発展と聞くと、唯一無二の超優秀なアルゴリズムからなる人工知能ができることを想像するかもしれない。しかしながら、現在、たくさんの多様な人工知能が生まれており、これらがインターネット上に散在している。これらがネットワークにつながっていくことがいちばんのポイントだ。今後、インターネットという大きなネットワーク上に人工知能が散在することにより、それらが有機的につながり、新たな価値をつくり上げていくだろう。人工知能のネットワーキングは、人間同士がコミュニケーションする以上のインパクトを与える。たくさんの多様な人工知能のネットワーキングは、より多くのアプリケーションやサービスをつくり上げ、我々と関係性を結ぶだろう。我々は、今後、意識せずとも人工知能に囲まれて生活するようになる。人間が悪にならなければ、我々を囲む人工知能は我々にさまざまなメリットを提供するだろう。

この大きな人工知能などの技術の発展とともに、我々自身が進化できるかがこれからの未来の世界を生きて行くためには重要な課題となる。

我々はそんな岐路に立たされているのだ。

最後に、本書を書き上げるに当たってお世話になった方々にお礼を申し上げたい。国際大学 GLOCOM 小林奈穂女史には、まさに本書を執筆するきっかけをいただいた。本書を刊行するにあたって編集を担当していただいた草思社久保田創編集長には、多大なお時間をいただき議論させていただいた。ここに感謝いたします。その他、さまざまな方々にお世話になった。本当にありがとうございました。

最後に、最愛の妻、律子と子、奏介に感謝する。

２０１７年１月

中西　崇文

加藤寛一郎『エアバスの真実』(講談社)2002
稲垣敏之『人間と機械の共生デザイン 』(森北出版)2012
稲垣敏之「自動運転における人と機械の協調 ~特集 自動運転」(IATSS review 40(2)、国際交通安全学会、P125-131)2015
Mark Weiser"The Computer for the 21st Century"(Scientific American 265、94-104)1991
リチャード・セイラー/キャス・サンスティーン『実践行動経済学』(遠藤真美訳、日経BP社)2009
ベンジャミン・リベット『マインド・タイム』(下条信輔訳、岩波書店)2005
後藤大地"10とXPのシェア増えるも、Windows全体では下落-9月OSシェア"(NN.マイナビニュース)2015年10月2日(http://news.mynavi.jp/news/2015/10/02/216/)
スコット・ペイジ『「多様な意見」はなぜ正しいのか』(水谷淳訳、日経BP社)2009
伊藤毅志/小幡拓弥/杉山卓弥/保木邦仁「将棋における合議アルゴリズム——多数決による手の選択」(情報処理学会論文誌 vol.52、no.11、pp.3030—3037)2011
"第2部 ICTが拓く未来社会"(平成27年度版情報通信白書)(http://www.soumu.go.jp/johotsusintokei/whitepaper/ja/h27/html/nc254110.html)
Dave Evans"モノのインターネット インターネットの進化が世界を変える"(Cisco Internet Business Solutions Group)2011(https://www.cisco.com/web/JP/ibsg/howwethink/pdf/IoT_IBSG_0411FINAL.pdf)
"Analytics Without the Bots"(NET MARKETSHARE)(https://www.netmarketshare.com/operating-system-market-share.aspx?qprid=10&qpcustomd=0)

波文庫）1977
『新編 感覚・知覚心理学ハンドブック』（誠信書房）1994
北川高嗣/中西崇文/清木康「楽曲メディアデータを対象としたメタデータ自動抽出方式の実現とその意味的楽曲検索への適用」（電子情報通信学会論文誌. D-I、情報・システム、-情報処理 J85-D-I（6）、512-526）2002
ブルース・マズリッシュ『第4の境界 人間―機械[マン－マシン]進化論』（吉岡洋訳、ジャストシステム出版）1996
"チンパンジーの知能vol.1　（道具を作るチンパンジー）"（共同体社会と人類婚姻史）2009年2月25日（http://bbs.jinruisi.net/blog/2009/02/531.html）
戸沢充則『道具と人類史』（新泉社）2012
伊藤毅志/小幡拓弥/杉山卓弥/保木邦仁「将棋における合議アルゴリズム――多数決による手の選択」（情報処理学会論文誌 52（11））2011
伊藤毅志「コンピュータ将棋の新しい波：4、合議アルゴリズム「文殊」単純多数決で勝率を上げる新技術」（情報処理、50（9））2009
Newton別冊『知能と心の科学』（ニュートンプレス）2012
Newton『脳と意識』（ニュートンプレス）2012年5月号
デイヴィッド・イーグルマン『意識は傍観者である：脳の知られざる営み』（大田直子訳、早川書房）2012
下條信輔『〈意識〉とは何だろうか』（講談社現代新書）1999
"人間の意識を他人の肉体に移し替えることはできるのか？"（Gigazine）2015年6月29日（http://gigazine.net/news/20150629-transfer-consciousness/）
"Could You Transfer Your Consciousness To Another Body?"（YouTube）2015年6月14日（https://www.youtube.com/watch?v=5r1Sl8DKjf4&hd=1）
"運転に潜む急病リスク 心疾患事故、年20件 梅田暴走"（朝日新聞DIGITAL、朝日新聞社）2016年2月27日（http://www.asahi.com/articles/ASJ2V660RJ2VPTIL024.html）
宮本和明"「人が運転するより安全」、独自ブランドの自動走行車を開発するGoogle"（IT Pro、　日　経BP）2013年11月5日（http://itpro.nikkeibp.co.jp/article/COLUMN/20131101/515452/）
服部正治/藤平紘司「航空機用自動操縦装置のすう勢」（日本航空宇宙学会誌 第24巻 第275号、pp.42―49）1976

参考文献

レイ・カーツワイル『ポスト・ヒューマン誕生—コンピュータが人類の知性を超えるとき』(井上健監訳、NHK出版)2007

"インターネットの世界〈インターネットの統計〉"(総務省)(http://www.soumu.go.jp/joho_tsusin/kids/internet/statistics/internet_01.html)

中西崇文"ざっくり分かりたいマーケターのための「AI」超入門 第1回:きっかけは「ビッグデータ」マーケティングに今、AIが求められる理由"(ITmedia マーケティング)2015年6月15日(http://marketing.itmedia.co.jp/mm/articles/1506/15/news032.html)

浅川直輝"[脳に挑む人工知能3]脳科学とのコラボで「人を超える知性」を目指す"(ITPro、日経コンピュータ)2014年10月3日(http://itpro.nikkeibp.co.jp/atcl/column/14/090100053/092200012/?ST=bigdata&P=1)

"The 2015 Arimaa Challenge"(http://arimaa.com/arimaa/challenge/2015/)

"博士が愛したクラウド上の「ワトソン」がん医療を変える?"(dot.、朝日新聞出版、『AERA』2015年9月7日号より抜粋)2015年9月8日(http://dot.asahi.com/aera/2015090800036.html)

"コンピュータ将棋 対 人間 対戦の記録"(編集:高田淳一)(http://www.junichi-takada.jp/computer_shogi/comvshuman.html)

"コンピュータ将棋プロジェクトの終了宣言"(IPS情報処理学会)2015年10月11日(http://www.ipsj.or.jp/50anv/shogi/20151011.html)

Associated Press "Preferred Bank meets 4Q profit forecasts"(YAHOO! FINANCE) January 22, 2016(http://finance.yahoo.com/news/preferred-bank-meets-4q-profit-225949388.html)

Munenori Taniguchi"機械が創ったミュージカルはおもしろい? 世界初のコンピューターが書いた作品、2016年2月に英国で上演"(engadget日本版)2015年12月2日(http://japanese.engadget.com/2015/12/01/2016-2/)

"The What-If Machine"(WHIM research project)(http://www.whim-project.eu)

瀧口範子"シリコンバレーNEXT 男性の相手は「会話ロボット」、不倫サイトが見せた技術力"(日経テクノロジーonline)2015年10月2日(http://techon.nikkeibp.co.jp/atcl/column/15/425482/092500020/?bpnet)

シュムペーター『経済発展の理論』(原書第2版、塩野谷祐一/中山伊知郎/東畑精一訳、岩著者略歴———
中西崇文 なかにし・たかふみ
国際大学グローバル・コミュニケーション・センター准教授／主任研究員。デジタルハリウッド大学大学院客員教授。1978年、三重県伊勢市生まれ。2006年3月、筑波大学大学院システム情報工学研究科にて博士(工学)の学位取得。独立行政法人情報通信研究機構にてナレッジクラスタシステムの研究開発、大規模データ分析・可視化手法に関する研究開発等に従事。2014年4月より現職。専門は、ビッグデータ分析システム、統合データベース、感性情報処理、メディアコンテンツ分析など。著書に『スマートデータ・イノベーション』(翔泳社)がある。

シンギュラリティは怖くない
ちょっと落ちついて人工知能について考えよう

2017年2月22日 第1刷発行

著　者 中西崇文
装幀者 Malpu Design(清水良洋)
発行者 藤田　博
発行所 株式会社 草思社
〒160-0022 東京都新宿区新宿5-3-15
電話 営業 03(4580)7676 編集 03(4580)7680

本文組版 株式会社 キャップス
印刷所 中央精版印刷株式会社
製本所 大口製本印刷株式会社

ISBN978-4-7942-2255-8 Printed in Japan 検印省略